Statistische Klassifizierungsverfahren

Neue Ansätze zur Reduzierung des Vorhersagefehlers

Dissertation
zur Erlangung des wirtschaftswissenschaftlichen Doktorgrades
der wirtschaftswissenschaftlichen Fakultät
der Universität Göttingen

vorgelegt
von
Silke Herold
aus Osterode am Harz

Göttingen, 1997

Die Deutsche Bibliothek - CIP-Einheitsaufnahme

Herold, Silke:
Statistische Klassifizierungsverfahren : neue Ansätze zur Reduzierung
des Vorhersagefehlers / vorgelegt von Silke Herold. -
Göttingen : Cuvillier, 1997
    Zugl.: Göttingen, Univ., Diss., 1997
    ISBN 3-89588-837-0

Erstgutachter:	Prof. Dr. Kricke
Zweitgutachter:	Prof. Dr. Ahlborn
Tag der mündlichen Prüfung:	03.02.1997

© CUVILLIER VERLAG, Göttingen 1997
    Nonnenstieg 8, 37075 Göttingen
    Telefon: 0551-54724-0
    Telefax: 0551-54724-21

1. Auflage, 1997
Gedruckt auf säurefreiem Papier

ISBN 3-89588-837-0

Inhaltsverzeichnis

Abbildungsverzeichnis

V

Tabellenverzeichnis

Kapitel 1

Einleitung

Die Lösung von betriebswirtschaftlichen, aber auch medizinischen, psychologischen oder z.B. sozialwissenschaftlichen Fragestellungen erfordert sehr oft das Treffen von Entscheidungen unter der Unsicherheit zukünftiger Ereignisse.

In diesem Zusammenhang läßt sich auch das Klassifizierungsproblem, welches im Mittelpunkt dieser Arbeit steht, charakterisieren.

Die Aufgabe der Zuordnungs- bzw. Klassifizierungsanalyse besteht ganz allgemein in der Einordnung von Objekten in vorgegebene Gruppen anhand von bestimmten Merkmalen, die diese Objekte aufweisen.

Ein klassisches Beispiel aus dem betriebswirtschaftlichen Bereich, bei dem ein solches Klassifizierungsproblem zu lösen ist, ist die Entscheidung des Sachbearbeiters einer Bank über die Kreditwürdigkeit seiner Kunden. Dabei soll der Versuch unternommen werden, die Kreditantragsteller z.B. aufgrund von soziodemographischen oder wirtschaftlichen Merkmalen als kreditwürdig oder kreditunwürdig zu klassifizieren.

Zur Lösung derartiger Prognoseprobleme bedient man sich sehr häufig statistischer Verfahren, da mit Hilfe dieser Methoden in der Regel objektive und nachvollziehbare Entscheidungen getroffen werden können.

Natürlich muß auch bei der statistischen Analyse mit Fehlentscheidungen bezüglich der Gruppenzugehörigkeit der Objekte gerechnet werden. Allerdings kann hier die Quantifizierung des Fehlers in Form von Wahrscheinlichkeitsaussagen vorgenommen werden, d.h. es lassen sich Fehlzuordnungswahrscheinlichkeiten angeben bzw. schätzen.

Im Rahmen dieser Arbeit werden in Kapitel 2 zunächst grundlegende statistische Definitionen, die im Zusammenhang mit der Klassifizierungsanalyse stehen, angegeben. Dabei wird insbesondere die Bildung von Entscheidungsregeln mit Hilfe von Lernstichproben und die Bestimmung des Fehlers der Zuordnung näher erläutert.

In den Kapiteln 3, 4 und 5 werden drei unterschiedliche statistische Klassifizierungsverfahren vorgestellt, die mit Hilfe von Entscheidungsregeln die Zuordnung von Elementen zu den vorgegebenen Gruppen vornehmen.
Dabei ist die klassische Diskriminanzanalyse (Kapitel 3) die wohl in der Praxis am häufigsten angewandte Methode.
Die Lösung des Zuordnungsproblems mit Hilfe der logistischen Regression steht in Kapitel 4 im Vordergrund.
Bei beiden Verfahren wird neben der Modellformulierung die Frage der Auswahl der für die Analyse geeigneten Merkmale sowie die Bestimmung des Klassifikationsfehlers diskutiert.
Das CART-Verfahren, das in Kapitel 5 erläutert wird, zählt zu den neueren statistischen Klassifizierungsverfahren. Dabei handelt es sich um eine baumstrukturierte Methode, d.h. die Entscheidungsregeln lassen sich in Form eines Entscheidungsbaumes darstellen. Der Aufbau eines solchen Baumes wird detailliert beschrieben, und es werden einige Besonderheiten des CART-Algorithmus vorgestellt.

In Kapitel 6, dem Hauptteil der Arbeit, wird anhand von künstlich generierten Datensätzen die Güte der drei Entscheidungsverfahren in bezug auf die Häufigkeit der Fehlklassifizierungen festgestellt und ein Vergleich der Ergebnisse vorgenommen.
Es stellt sich dabei heraus, daß eine gewisse Instabilität der zugrundeliegenden Entscheidungsregel, die sich vor allem beim CART-Verfahren zeigt, maßgeblich den Vorhersagefehler beeinflussen kann.
Im zweiten Teil des Kapitels 6 werden zur Klärung dieses Phänomens Definitionen für den Bias und die Varianz eines Klassifizierungsverfahrens angegeben und

anhand zweier Beispiele die Bestimmung dieser statistischen Größen vorgenommen.

Zum Abschluß des Kapitels wird gezeigt, wie man im Fall von unstabilen Regeln durch den Einsatz von Bootstrap-Methoden zu einer Varianzreduktion gelangen und somit auch eine beachtliche Verringerung des Klassifikationsfehlers erreichen kann.

In Kapitel 7 sollen die bisher erhaltenen Ergebnisse anhand eines bankbetriebswirtschaftlichen Datensatzes aus dem Bereich des Konsumentenkreditgeschäfts überprüft werden. Dazu wird zunächst aufgezeigt, mit welchen statistischen und methodischen Problemen die Kreditwürdigkeitsprüfung verbunden ist. Im Mittelpunkt des Kapitels steht die Klassifizierungsanalyse mit Hilfe der drei Verfahren. Abschließend wird gezeigt, daß es auch bei diesem realen Datensatz möglich ist, mit einem der in Kapitel 6 vorgestellten Bootstrap-Verfahren den Vorhersagefehler zu reduzieren.

Kapitel 2

Klassifizierung

2.1 Definitionen

Gegeben sei der Merkmalsraum $\mathcal{X} \in I\!\!R^P$, der aus allen möglichen Merkmalsvektoren $\mathbf{x}' := (x_1, x_2, \cdots x_P)$ besteht. Dabei sind die Komponenten des Vektors $\mathbf{x}$ die Ausprägungen der P Variablen eines einzelnen Elementes.

Es wird nun angenommen, daß jedes Objekt (Element) einer von J ($J \geq 2$) disjunkten Klassen eindeutig zugeordnet werden kann. Die Menge aller Klassen wird mit $C = \{1, ..., J\}$ bezeichnet.

Man möchte nun jedes Objekt aus $\mathcal{X}$ einer der J Klassen zuordnen. Es gilt also eine Regel zu finden, die jedem $\mathbf{x} \in \mathcal{X}$ genau eine der Klassen $\{1, ..., J\}$ zuweist.

Definition 1.1 Entscheidungsfunktion

Eine Entscheidungsfunktion $e(\mathbf{x})$ ist eine Funktion auf $\mathcal{X}$, die für jedes $\mathbf{x}$ gleich einer der Zahlen $1, ..., J$ ist, d.h.

$$e : \mathcal{X} \to C \qquad \mathbf{x} \to e(\mathbf{x}). \tag{2.1}$$

Betrachtet man die Zerlegung des Merkmalsraumes $\mathcal{X}$ in die disjunkten Untermengen S_j ($j = 1, ..., J$) wobei $\mathcal{X} = \bigcup_j S_j$ und

$$S_j = \{\mathbf{x} | e(\mathbf{x}) = j\}, \tag{2.2}$$

4

so kann eine Entscheidungsregel wie folgt definiert werden ([19], S.4):

Definition 1.2 Entscheidungsregel

Eine Entscheidungsregel ist die Zerlegung von $\mathcal{X}$ in J disjunkte Teilmengen $S_1, ..., S_J$, so daß für jedes $\mathbf{x} \in S_j$ die vorhergesagte Klasse j ist.

Zur Konstruktion einer solchen Entscheidungsregel wird zunächst angenommen, daß die Wahrscheinlichkeit $\pi(j)$, daß ein Objekt $\mathbf{x}$ aus der Klasse j ($j = 1, ..., J$) stammt, bekannt sei. Diese Wahrscheinlichkeit bezeichnet man als a priori-Wahrscheinlichkeit ([49], S.4).

Liegen keine weiteren Verteilungsinformationen vor, so lautet die „beste" Entscheidungsregel:

Ordne ein Element der Klasse j zu, wenn gilt:

$$\pi(j) \geq \pi(i) \qquad i = 1, ..., J \quad i \neq j. \tag{2.3}$$

„Beste" Entscheidungsregel bedeutet hier, daß diese Regel die Wahrscheinlichkeit eines Fehlers bei der Zuordnung minimiert. Auf diese Eigenschaft wird später noch genauer eingegangen.

Ist nun die Verteilung des Merkmalsvektors $\mathbf{x}$ bekannt, so kann man diese zur Erstellung der Entscheidungsregel benutzen.

Ein Objekt wird nun der Klasse j zugeordnet, wenn gilt:

$$\pi(j|\mathbf{x}) \geq \pi(i|\mathbf{x}) \qquad i = 1, ..., J \quad i \neq j. \tag{2.4}$$

Die Wahrscheinlichkeit $\pi(j|\mathbf{x})$, daß ein Objekt mit beobachtetem Merkmalsvektor $\mathbf{x}$ der Klasse j angehört, nennt man a posteriori-Wahrscheinlichkeit ([34], S.303).

Formuliert man die oben gegebene Zuordnungsregel (2.4) mit Hilfe des Bayes-Theorems ([49], S.5)

$$\pi(j|\mathbf{x}) = \frac{f(\mathbf{x}|j)\pi(j)}{f(\mathbf{x})}, \tag{2.5}$$

so erhält man die Bayes-Minimum-Error-Regel:

$$f(\mathbf{x}|j)\pi(j) \geq f(\mathbf{x}|i)\pi(i). \tag{2.6}$$

Dabei bezeichnet $f(\mathbf{x}|j)$ die bedingte Klassendichte von $\mathbf{x}$ gegeben j und $f(\mathbf{x})$ die Dichte von $\mathbf{x}$. Ein Objekt wird also immer der Klasse zugeordnet, für die die Dichtefunktion multipliziert mit der a priori-Wahrscheinlichkeit am größten ist. Oder anders ausgedrückt: Ein Objekt wird der Klasse zugeordnet, die die größte a posteriori-Wahrscheinlichkeit besitzt ([34], S.304).

Nimmt man gleiche a priori-Wahrscheinlichkeiten an, d.h. $\pi(1) = \pi(2) = \cdots = \pi(J)$, so gelangt man zur Maximum-Likelihood-Entscheidungsregel (ML-Regel):

$$f(\mathbf{x}|j) \geq f(\mathbf{x}|i). \tag{2.7}$$

Das heißt, ein Element wird derjenigen Klasse zugeordnet, für die die Likelihood am größten ist.

Bei der Aufteilung des Merkmalsraumes $\mathcal{X}$ wird man mit Fehlzuordnungen zu rechnen haben, d.h. eine Teilmenge S_j wird eventuell Merkmalsvektoren enthalten, die nicht aus der Klasse j stammen, dieser aber aufgrund der Entscheidungsregel zugeordnet werden ([76], S.82). Diese sogenannte individuelle Fehlerrate einer Klassifikation ([34], S.304) läßt sich wie folgt quantifizieren:

$$\epsilon_{ij} = P(e(\mathbf{x}) = j|i) \qquad i \neq j. \tag{2.8}$$

Die gesamte Fehlzuordnungswahrscheinlichkeit kann man dann mit

$$\epsilon = \sum_{i \neq j}^{J}\sum^{J} \epsilon_{ij}\pi(i) \tag{2.9}$$

angeben.

Es läßt sich zeigen (z.B. [34], S.305), daß die Bayes-Regel (2.6) optimal im Sinne der geringsten Fehlzuordnungswahrscheinlichkeiten ist. Sind also die bedingten Klassendichten $f(\mathbf{x}|j)$, $j = 1, ..., J$, bzw. die a posteriori-Wahrscheinlichkeiten bekannt, so ist das Klassifizierungsproblem optimal durch Anwendung der Bayes-Entscheidungsregel gelöst. Das wird aber selten der Fall sein.

2.2   Unterschiedliche Fehlklassifikationskosten

Ein spezielles Problem bei der Bestimmung der gesamten Fehlzuordnungswahrscheinlichkeit taucht auf, wenn man die Fehlzuordnung eines Elementes aus der Klasse j, das fälschlicherweise der Klasse i zugeordnet wird, anders bewerten möchte, als die Fehlzuordnung eines Elementes, das fälschlicherweise der Klasse j zugeordnet wird, aber aus i stammt.

Ein Beispiel, in dem eine unterschiedliche Bewertung notwendig wird, ist die medizinische Diagnose ([34], S.307, [49], S.5, [80], S.14). Hier ist es sicherlich gefährlicher, einen kranken Patienten als gesund einzustufen als umgekehrt. Diesem Problem sollte die Klassifizierungsregel Rechnung tragen.

Dazu wird die Kostenfunktion $C(i|j)$ eingeführt. $C(i|j)$ bezeichne die Kosten der Fehlklassifikation eines Elementes aus der Klasse j, das durch die Klassifikationsregel irrtümlich der Klasse i zugeordnet wird.

Die gesamten erwarteten Kosten[1] lassen sich durch

$$r = \sum_i \sum_j \int_{\mathbf{x} \in S_i} C(i|j)\pi(j)f(\mathbf{x}|j)d\mathbf{x} \qquad (2.10)$$

darstellen ([49], S.6).

Ziel ist es, diesen Ausdruck durch geeignete Wahl der S_i zu minimieren, um die gesamten erwarteten Kosten möglichst gering zu halten.

Betrachtet man nur zwei Klassen und nimmt weiterhin an, daß $C(1|1) = C(2|2) = 0$ ist, so reduziert sich (2.10) auf:

$$r = C(2|1)\pi(1) \int_{\mathbf{x} \in S_2} f(\mathbf{x}|1)d\mathbf{x} + C(1|2)\pi(2) \int_{\mathbf{x} \in S_1} f(\mathbf{x}|2)d\mathbf{x}. \qquad (2.11)$$

---

[1] In der medizinischen Diagnostik auch als das „gesamte erwartete Risiko" bezeichnet ([49], S.6).

Als Lösung dieses Minimierungsproblems ([49], S.6 , [78], S.15) erhält man die
kostenoptimale Bayes-Entscheidungsregel:

$$S_1 : \frac{f(\mathbf{x}|1)}{f(\mathbf{x}|2)} \geq \frac{C(1|2)}{C(2|1)} \frac{\pi(2)}{\pi(1)} \quad \Longrightarrow \quad \mathbf{x} \in S_1 \tag{2.12}$$

bzw.

$$S_2 : \frac{f(\mathbf{x}|1)}{f(\mathbf{x}|2)} < \frac{C(1|2)}{C(2|1)} \frac{\pi(2)}{\pi(1)} \quad \Longrightarrow \quad \mathbf{x} \in S_2. \tag{2.13}$$

Das heißt, im 2-Klassen-Fall bei bekannten a priori-Wahrscheinlichkeiten, be-
dingten Dichten und Kostenfunktionen $C(2|1)$ bzw. $C(1|2)$ wird ein Element der
Gruppe S_1 bzw. S_2 zugeordnet, wenn Ungleichung (2.12) bzw. (2.13) erfüllt ist.
Auch die kostenoptimale Bayes-Entscheidungsregel ist optimal im Sinne der geringsten Fehlzuordnungswahrscheinlichkeit, wenn alle genannten Größen bekannt
sind ([89], S.9).

Unterstellt man mit $C(2|1) = C(1|2)$ gleiche Fehlzuordnungskosten für beide
Gruppen, so gelangt man wieder zur Bayes-Minimum-Error-Regel.

Das Problem bleibt aber weiterhin, daß sowohl die Kostenverhältnisse als auch
die a priori-Wahrscheinlichkeiten bzw. deren Verhältnisse und die bedingten Klassendichten in realen Problemstellungen fast immer unbekannt sind.

2.3 Lern- und Teststichprobe

Alle bisher genannten Entscheidungsregeln setzen bekannte bedingte Klassenverteilungen voraus. Weiß man nur sehr wenig oder nichts über die zugrundeliegende
Verteilung, so kann man diese schätzen ([89], S.11).
Für diese Schätzung wird eine endliche Stichprobe aus der vorliegenden Grundgesamtheit gezogen.

Allerdings muß man dann damit rechnen, daß die Entscheidungsregel nicht mehr
optimal im Sinne möglichst geringer Fehlzuordnungen zur Klassifikation geeignet
ist, da Stichprobenschätzfehler zu erwarten sind.

Man versucht deshalb auch bei Klassifikationsproblemen mit unbekannten Verteilungen, die Genauigkeit bzw. Güte der Entscheidungsregel zu quantifizieren. Angenommen, man wähle aus dem Merkmalsraum $\mathcal{X}$ zufällig eine unabhängige Stichprobe vom Umfang N und bezeichne die beobachteten Merkmalsvektoren mit $\mathbf{x}_1, ..., \mathbf{x}_n, ..., \mathbf{x}_N$. Von jedem Element sei auch dessen Klassenzugehörigkeit j_n bekannt. Diese Stichprobe bezeichnet man als Lernstichprobe[2]:

$$\mathcal{L} = \{(\mathbf{x}_1, j_1)...(\mathbf{x}_N, j_N)\} \quad \text{mit} \quad x_n \in \mathcal{X} \quad n = 1, ..., N \quad j_n \in \{1, ..., J\}. \quad (2.14)$$

Mit Hilfe dieser Lernstichprobe wird nun eine Entscheidungsregel $e(\mathbf{x})$ gebildet, die nahezu optimal im Sinne einer möglichst geringen Fehlklassifikationsrate sein soll.

Zur Feststellung der Güte der Entscheidungsregel zieht man nun aus der gleichen Grundgesamtheit, aus der $\mathcal{L}$ stammt, eine weitere Stichprobe, wobei von diesen Elementen wiederum die Klassenzugehörigkeit bekannt sei. Diese Elemente werden durch die festgelegte Regel $e(\mathbf{x})$ klassifiziert und man kann nun vorhergesagte und tatsächliche Klassenzugehörigkeit vergleichen ([19], S.9). $\epsilon(e)$ sei dann der Anteil der durch e fehlklassifizierten Elemente.

Formuliert man diese Idee mit Hilfe eines Wahrscheinlichkeitsmodells, so erhält man:

Gegeben sei die Lernstichprobe $\mathcal{L}$, die unabhängig aus der Verteilung $P(S, j)$ gezogen wurde. $P(S, j)$ bezeichne dabei die Wahrscheinlichkeit, daß der Merkmalsvektor $\mathbf{x}$ aus S ($S \subset \mathcal{X}$) stammt und seine Klasse j ($j \in C$) ist. Mit Hilfe von $\mathcal{L}$ wird $e(\mathbf{x})$ gebildet.

Sei $(\mathbf{X}, Y)$ mit $\mathbf{X} \in \mathcal{X}$, $Y \in C$ eine neue Stichprobe aus der Verteilung $P(S, j)$, wobei $P(S, j) = P(\mathbf{X} \in S, Y = j)$ gilt. Dann ist

$$\epsilon(e) = P(e(\mathbf{X}) \neq Y | \mathcal{L}) \quad (2.15)$$

die tatsächliche Fehlerrate der Klassifizierung in bezug auf die neue Stichprobe[3].

---

[2] Auch Trainingsstichprobe (s. [89], S.11) oder Designstichprobe ([49], S.8) genannt.

[3] Breiman et al. bezeichnen $\epsilon(e)$ als „wahre" Fehlklassifikationsrate ([19], S.8). Oft wird $\epsilon(e)$ auch als *actual error rate* bezeichnet (siehe z.B. [89], S.18). In Kapitel 3.5 wird noch genauer auf die begrifflichen Definitionen eingegangen.

In der Literatur gibt es zahlreiche Ansätze zur Schätzung von $\epsilon(e)$ (siehe [111], [88], [49], [82]), die darauf aufbauen, daß man zur Schätzung nur die Lernstichprobe $\mathcal{L}$ zur Verfügung hat, wie es sehr oft in realen Problemstellungen der Fall ist. Diese Art von Schätzern für $\epsilon(e)$ bezeichnet man auch als „internal estimates" (siehe [19], S.10, [111]).

Ein häufig verwendeter, aber auch sehr ungenauer Schätzer ist der Resubstitutionsschätzer (auch *apparent error rate*, siehe [49], S.9, [89], S.339f).
Dabei werden alle Elemente aus $\mathcal{L}$, sowohl zur Konstruktion der Entscheidungsregel als auch zur Überprüfung derselben benutzt, und damit die geschätzte Fehlerrate wie folgt errechnet:

$$\hat{\epsilon}(e)_{RS} = \frac{1}{N} \sum_{n=1}^{N} 1[e(\mathbf{x}_n) \neq j_n] \qquad (2.16)$$

mit

$$1[\cdot] = \begin{cases} 1, & \text{wenn die Aussage in Klammern wahr ist} \\ 0 & \text{sonst.} \end{cases}$$

Dieser Schätzer ist zwar konsistent, allerdings vor allem bei kleinen Lernstichproben zu optimistisch (optimistisch verzerrt, [27], S.392), weil keine unabhängige Stichprobe zur Schätzung des Vorhersagefehlers benutzt wird. Da die Entscheidungsregel genau an die Lernstichprobe angepaßt ist, wird also die Fehlklassifikationsrate naturgemäß sehr gering ausfallen, wenn man die gleichen Elemente zur Berechnung der geschätzten Fehlerrate heranzieht. Eine neue Stichprobe aus der gleichen Grundgesamtheit wird wahrscheinlich eine höhere Fehlerrate nach sich ziehen ([19], S.10-11). Dieser Effekt eines zu optimistischen Ergebnisses bei der Fehlerschätzung wird in der Mustererkennungstheorie auch „overfitting" genannt ([89], S.340).
Der Vorteil dieser Schätzung liegt in der effizienten Ausnutzung aller Elemente der Stichprobe zur Regelbildung.

Ein weiterer Schätzer, der nicht mit den Nachteilen des Resubstitutionsschätzers behaftet ist, ist der Teststichprobenschätzer.
Zur Berechnung teilt man die Gesamtstichprobe $\mathcal{L}$ zufällig in zwei Teile $\mathcal{L}_1$ und $\mathcal{L}_2$. Aus $\mathcal{L}_1$ konstruiert man die Entscheidungsregel e. Das Klassifikationsergebnis

wird nun anhand der Elemente aus $\mathcal{L}_2$ überprüft. $\mathcal{L}_2$ bezeichnet man als Teststichprobe. Damit errechnet sich der Teststichprobenschätzer als ([19], S.11):

$$\hat{c}(e)_{TS} = \frac{1}{N_2} \sum_{(\mathbf{x}_n, j_n) \in \mathcal{L}_2} 1[e(\mathbf{x}_n) \neq j_n]. \qquad (2.17)$$

N_2 bezeichnet dabei die Anzahl der Elemente aus $\mathcal{L}_2$. Bei dieser Methode ist also die Stichprobe, aus der die Klassifikationsregel gebildet wird, unabhängig von der Stichprobe, die zur Fehlerberechnung herangezogen wird (beide Stichproben stammen natürlich aus der gleichen Grundgesamtheit). So vermeidet man das oben erwähnte „overfitting".

Der Nachteil der Schätzung mit Hilfe einer Teststichprobe liegt in der ineffizienten Nutzung der zur Verfügung stehenden Stichprobe ([19], S.12, [89], S.341). Ist diese sehr klein, so wird der Schätzfehler vermutlich sehr groß[4]. Außerdem ist der Teststichprobenschätzer ein relativ pessimistischer Schätzer für die tatsächliche Fehlklassifikationsrate, da nicht alle Elemente zum Aufbau der Entscheidungsregel benutzt werden ([119], S.30).

Für relativ kleine zur Verfügung stehende Stichproben bieten sich daher die in der Literatur sehr häufig diskutierten Resampling-Methoden an.
Dabei erhält man oft nahezu unverzerrte Schätzer für die Fehlerrate durch mehrfache Aufteilung der Lernstichprobe in verschiedene Unterstichproben.

Bei der Cross-Validation-Schätzung ([108], [45]) wird die Gesamtstichprobe zufällig in K Unterstichproben $\mathcal{L}_1, ..., \mathcal{L}_k, ..., \mathcal{L}_K$ möglichst gleicher Größe aufgeteilt ([19], S.12). Die Elemente aus $\mathcal{L} - \mathcal{L}_k$ $(k = 1, ..., K)$ bilden dann jeweils die neue Lernstichprobe, durch die die k-te Klassifikationsregel $e^{(k)}(\mathbf{x})$ festgelegt wird. $\mathcal{L}_k$ (d.h. die jeweils nicht zur Bildung der Regel herangezogenen Elemente) ist die Teststichprobe, die zur geschätzten Fehlerberechnung dient. Wenn jede dieser Aufteilungen $\mathcal{L}_1, ..., \mathcal{L}_K$ einmal als Teststichprobe verwendet wird, dann erhält

---

[4]Zur Größe der benötigten Teststichprobe um adäquate Ergebnisse zu erzielen, siehe Higleyman ([59]) und Weiss, Kulikowski ([119] S.29-30). Die letztgenannten Autoren erachten eine Teststichprobengröße vom Umfang 1000 als ausreichend um sehr gute Schätzergebnisse zu erzielen.

man als Cross-Validation-Schätzer (CV-Schätzer):

$$\hat{\epsilon}(e)_{CV} = \frac{1}{K} \sum_{k=1}^{K} \frac{1}{N_k} \sum_{(\mathbf{x}_n, j_n) \in \mathcal{L}_k} 1[e^{(k)}(\mathbf{x}_n) \neq j_n]. \qquad (2.18)$$

Dabei bezeichnet N_k die Anzahl der Elemente in der k-ten Teststichprobe.

Ein Spezialfall der Cross-Validation-Schätzung ist die „leaving-one-out"- Methode (kurz: loo-Methode), die im wesentlichen auf Lachenbruch ([78]) zurückgeht. Dabei wird die ursprüngliche Lernstichprobe vom Umfang N in N Unterstichproben $\mathcal{L}_1, ..., \mathcal{L}_n, ..., \mathcal{L}_N$ aufgeteilt. Jeweils nur ein Element bildet eine Teststichprobe und aus den restlichen $N-1$ Beobachtungen wird die Klassifikationsregel $e^{(n)}(\mathbf{x}_n)$ gebildet. Dieses Verfahren wird N-mal durchgeführt, wobei bei jedem Durchlauf ein anderes Element als Teststichprobe dient. Der loo-Schätzer für die Fehlerrate ergibt sich dann mit

$$\hat{\epsilon}(e)_{loo} = \frac{1}{N} \sum_{n=1}^{N} 1[e^{(n)}(\mathbf{x}_n) \neq j_n]. \qquad (2.19)$$

Bei relativ großen Stichprobenumfängen ist die Ermittlung des loo-Schätzers sehr rechenintensiv, so daß man in diesem Fall den Cross-Validation-Schätzer aus (2.18)(z.B. mit $K=10$, [119] S.38, [19], S.13) zur Fehlerschätzung benutzen sollte.

Der große Vorteil der beiden letztgenannten Schätzer liegt also in der guten Ausnutzung des Datenpotentials: Jedes Element aus $\mathcal{L}$ wird sowohl zur Konstruktion der Entscheidungsregel als auch als Teststichprobe genutzt ([119], S.33, [19], S.13).

Für sehr kleine Stichprobenumfänge läßt sich feststellen, daß die Cross-Validation-Methode zwar fast unverzerrte Schätzergebnisse, aber oft sehr hohe Varianzwerte liefert ([29]). Deshalb bietet sich hier als eine weitere Resampling-Methode zur Schätzung der tatsächlichen Fehlerrate, das von Efron ([28]) entwickelte Bootstrap-Verfahren, an.

Dabei werden aus einer Lernstichprobe $\mathcal{L}$ der Größe N mit Zurücklegen B ($b = 1, ..., B$) sogenannte Bootstrap-Stichproben $\mathcal{L}_b$ wiederum der Größe N gezogen. Jede dieser B Stichproben wird zur Bildung jeweils einer Klassifikationsregel benutzt. Die Elemente der Originalstichprobe $\mathcal{L}$ werden nun für jede der B Regeln klassifiziert. Der einfache Bootstrap-Schätzer $\hat{\epsilon}(e)_{SB}$ ([30], S.248) für den Vorhersagefehler (die Fehlerrate) errechnet sich dann als Mittelwert der Anteile der fehlklassifizierten Fälle der B Entscheidungsregeln

$$\hat{\epsilon}(e)_{SB} = \frac{1}{N}\frac{1}{B}\sum_{b=1}^{B}\sum_{(\mathbf{x}_n,j_n)\in\mathcal{L}}1[e^{(b)}(\mathbf{x}_n)\neq j_n]. \tag{2.20}$$

Bildet man einen Mittelwert über die Resubstitutionsschätzer der B Bootstrap-Stichproben

$$\hat{\epsilon}(e)_{RB} = \frac{1}{N}\frac{1}{B}\sum_{b=1}^{B}\sum_{(\mathbf{x}_n,j_n)\in\mathcal{L}_b}1[e^{(b)}(\mathbf{x}_n)\neq j_n], \tag{2.21}$$

so bezeichnet man die Differenz $\hat{\epsilon}(e)_{SB} - \hat{\epsilon}(e)_{RB}$ als „optimism"-Schätzer. Sie gibt an, wie der einfache Resubstitutionsschätzer (2.16) die wahre Fehlklassifikationsrate unterschätzt ([30], S.248). Damit ergibt sich ein erweiterter Bootstrap-Schätzer als

$$\hat{\epsilon}(e)_{EB} = \hat{\epsilon}(e)_{RS} + (\hat{\epsilon}(e)_{SB} - \hat{\epsilon}(e)_{RB}). \tag{2.22}$$

Ein anderer Schätzer für den Vorhersagefehler basiert auf der Überlegung, zur Feststellung der Güte der Entscheidungsregel nur solche Elemente zur Klassifizierung heranzuziehen, die nicht in der jeweiligen Bootstrap-Stichprobe enthalten sind (zur Vermeidung von „overfitting").

Der Schätzer $\hat{\epsilon}_0$ bezeichnet dabei die geschätzte mittlere Fehlerrate, wobei nur die Entscheidungsregeln verwendet werden, die man aus den Bootstrap-Stichproben bildet, die das zu klassifizierende Element nicht enthalten:

$$\hat{\epsilon}_0 = \frac{1}{N}\sum_{n=1}^{N}\sum_{b\in C_n}1[e^{(b)}(\mathbf{x}_n)\neq j_n]/B_n. \tag{2.23}$$

C_n ist hier die Menge der Bootstrap-Stichproben, die das n-te Element nicht enthalten und B_n ist die Anzahl solcher Bootstrap-Stichproben ([30], S.253).
Zur Errechnung der geschätzten Fehlklassifikationsrate wird zunächst die Differenz von $\hat{\epsilon}_0$ und dem Resubstitutionsschätzer $\hat{\epsilon}(e)_{RS}$ gebildet. Der „optimism"-Schätzer ergibt sich hier als

$$0,632(\hat{\epsilon}_0 - \hat{\epsilon}(e)_{RS}). \tag{2.24}$$

Der Faktor $0,632$ entspricht dabei dem erwarteten Anteil der Fälle aus der Lernstichprobe, die in einer Bootstrap-Stichprobe der Größe N enthalten sind.

Als Schätzer für den Vorhersagefehler erhält man

$$\hat{\epsilon}(e)_{0,632B} = \hat{\epsilon}(e)_{RS} + 0,632(\hat{\epsilon}_0 - \hat{\epsilon}(e)_{RS}) = 0,632\hat{\epsilon}_0 + 0,368\hat{\epsilon}(e)_{RS}. \qquad (2.25)$$

Der $\hat{\epsilon}(e)_{0,632B}$-Schätzer ist nahezu unverzerrt und besitzt eine sehr geringe Varianz. Man erzielt sehr gute Ergebnisse mit Hilfe dieses Schätzers, wenn der Stichprobenumfang sehr gering und die tatsächliche Fehlklassifikationsrate hoch ist. Bei wachsender Stichprobengröße ist $\hat{\epsilon}(e)_{0,632B}$ ein sehr optimistischer Schätzer ([119], S.35).

Kapitel 3

Die klassische Diskriminanzanalyse

3.1 Historischer Überblick

Erste (eher intuitive) Ansätze zur Lösung von Klassifikationsproblemen bot Mitte der dreißiger Jahre R.A. Fisher ([37]) mit der Einführung der linearen Diskriminanzfunktion ([49]). Mit dem vorrangigen Ziel der möglichst „guten" Gruppentrennung ([65], S.25) unter Berücksichtigung der Korrelation der in die Analyse einbezogenen Merkmale entwickelte Fisher eine Theorie, in der die gruppenbedingten Verteilungen der einzelnen vorgegebenen Gruppen nicht bekannt sein müssen ([89], S.8). Sein Verfahren ist also in diesem Sinne verteilungsfrei ([34], S.321).

Im Laufe der nächsten Jahrzehnte entstanden – beginnend mit Welch ([120]) – wahrscheinlichkeitstheoretische, verteilungsgebundene Lösungsansätze, die Ende der vierziger Jahre durch die Arbeiten von Wald ([114], [115]) mit der Entwicklung einer allgemeinen Entscheidungstheorie ([89], S.8) komplettiert wurden. Innerhalb dieses Ansatzes wird hauptsächlich versucht, die a posteriori-Wahrscheinlichkeit als Bestandteil der Bayes-Regeln (siehe Kap. 2.1) durch geeignete Schätzer zu ersetzen und so zu stichprobenadäquaten Entscheidungsregeln zu gelangen ([89], S.13).

Bis heute sind nun zahlreiche theoretische Monographien und Artikel zu diskriminatorischen Fragestellungen entstanden, die sich mit der Verfeinerung dieser Theorie, unter anderem mit der Variablenselektion, Dimensionsreduzierung, der geeigneten Stichprobengröße und der Fehlerschätzung beschäftigen ([77]). Die in der Literatur angesprochenen Anwendungsbeispiele reichen von anthropologischen über ökonomische bis hin zu psychologischen und medizinischen Fragestellungen, die mittels der linearen Diskriminanzanalyse (LDA) gelöst werden können.

Ausführliche Darstellungen, die sich sowohl mit der Theorie und Anwendung der LDA als auch mit ihrer historischen Entwicklung befassen, findet man u.a. bei Anderson [8], Toussaint [111], Hand [49], Lachenbruch [81], McLachlan [89] und Huberty [65].

3.2   Diskriminanzanalyse mit bekannten Klassenverteilungen

In Kapitel 2.1 wurde bereits die Bayes-Regel zur Klassifizierung bei gleichen Fehlklassifikationskosten in den Gruppen dargestellt. Ein Element $\mathbf{x}$ wird dabei derjenigen Klasse zugeordnet, für die der Ausdruck

$$f(\mathbf{x}|j)\pi(j) \qquad j = 1, ..., J \qquad (3.1)$$

maximal wird.

Unterstellt man nun für die bedingten Klassendichten eine multivariate Normalverteilung, d.h.

$$f(\mathbf{x}|j) = \frac{1}{(2\pi)^{p/2}|\mathbf{\Sigma}_j|^{1/2}} exp(-\frac{1}{2}(\mathbf{x} - \boldsymbol{\mu}_j)' \mathbf{\Sigma}_j^{-1}(\mathbf{x} - \boldsymbol{\mu}_j)), \qquad (3.2)$$

wobei $\mathbf{\Sigma}_j$ die $[p \times p]$ Kovarianzmatrix und $\boldsymbol{\mu}_j$ den $[p \times 1]$ Erwartungswert der

j-ten Klasse darstellen, so führt die Logarithmierung von (3.1) zu

$$d_j(\mathbf{x}) = -\frac{1}{2}(\mathbf{x} - \boldsymbol{\mu}_j)' \boldsymbol{\Sigma}_j^{-1}(\mathbf{x} - \boldsymbol{\mu}_j) - \frac{1}{2}\log|\boldsymbol{\Sigma}_j| + \log \pi(j)^1. \qquad (3.3)$$

(3.3) wird als quadratische Diskriminanzfunktion bezeichnet, da der Ausdruck quadratisch bezüglich der Merkmalsvektoren $\mathbf{x}$ ist ([35], S.6, [65], S.59). Durch Vernachlässigung des Terms $\log \pi(j)$ erhält man die entsprechende Diskriminanzfunktion für die Maximum-Likelihood-Regel ([34], S.317).

Wird nun der Fall klassenweiser identischer Kovarianzmatrizen, d.h. $\boldsymbol{\Sigma}_1 = \boldsymbol{\Sigma}_2 = \ldots = \boldsymbol{\Sigma}_J = \boldsymbol{\Sigma}$ betrachtet, so vereinfacht sich (3.3) zu[2]

$$d_j(\mathbf{x}) = -\frac{1}{2}(\mathbf{x} - \boldsymbol{\mu}_j)' \boldsymbol{\Sigma}^{-1}(\mathbf{x} - \boldsymbol{\mu}_j) + \log \pi(j). \qquad (3.4)$$

Der Ausdruck $\delta_j^2 = (\mathbf{x} - \boldsymbol{\mu}_j)' \boldsymbol{\Sigma}^{-1}(\mathbf{x} - \boldsymbol{\mu}_j)$ aus (3.4) wird als Mahalanobis-Distanz bezeichnet. Sie gibt den Abstand des Merkmalsvektors $\mathbf{x}$ zum Gruppenzentroid $\boldsymbol{\mu}_j$ an ([35], S.55, [34], S.319).

Läßt man in (3.4) die a priori-Wahrscheinlichkeit außer acht (Maximum-Likelihood-Regel), so erhält man

$$\delta_j^{ML}(\mathbf{x}) = -\frac{1}{2}\delta_j^2. \qquad (3.5)$$

Anstatt $\mathbf{x}$ derjenigen Klasse j zuzuordnen, für die (3.5) maximal wird, kann die Zuordnungsvorschrift auch als Minimierungsproblem formuliert werden:

$$\delta_j^2 = -2\delta_j^{ML}(\mathbf{x}). \qquad (3.6)$$

Ein Element wird dann also derjenigen Gruppe j zugeordnet, für die die Mahalanobis-Distanz minimal ist. Diese Regel wird als Minimum-Distanz-Regel bezeichnet ([34], S. 319, [35], S.60).

Im Spezialfall klassenweiser identischer Kovarianzmatrizen erhält man lineare Diskriminanzfunktionen, da in (3.4) der quadratische Term $\mathbf{x}\boldsymbol{\Sigma}^{-1}\mathbf{x}$ unabhängig von j ist und somit für die Entscheidung nicht benötigt wird.

---

[1]Der von den Gruppen unabhängige Term $-\frac{p}{2}\log(2\pi)$ wurde vernachlässigt ([34], S.317).

[2]Der Ausdruck $-\frac{1}{2}\log|\boldsymbol{\Sigma}| - \frac{p}{2}\log(2\pi)$ wird vernachlässigt, da dieser unabhängig von den Gruppen ist.

3.3 Diskriminanzanalyse mit unbekannten Parametern

In der praktischen Anwendung der Diskriminanzanalyse wird es selten der Fall sein, daß die Verteilungsparameter und die a priori-Wahrscheinlichkeiten bekannt sind. Dann geht man gewöhnlich den Weg, diese Parameter aus der Lernstichprobe $\mathcal{L}$ (siehe Kap. 2.3) zu schätzen.

Unverzerrte Schätzer für den Erwartungswert $\boldsymbol{\mu}_j$ und die Kovarianzmatrix $\boldsymbol{\Sigma}_j$ sind der Stichprobenmittelwert der j-ten Klasse

$$\hat{\boldsymbol{\mu}}_j = \overline{\mathbf{x}}_j = \frac{1}{n_j}\begin{pmatrix} \sum_{i=1}^{n_j} x_{j1i} \\ \vdots \\ \sum_{i=1}^{n_j} x_{jPi} \end{pmatrix} = \begin{pmatrix} \overline{x}_{j1} \\ \vdots \\ \overline{x}_{jP} \end{pmatrix} \qquad (3.7)$$

und die empirische Stichprobenkovarianzmatrix

$$\widehat{\boldsymbol{\Sigma}}_j = \mathbf{S}_j = \frac{1}{n_j-1}\sum_{i=1}^{n_j}(\mathbf{x}_{ji} - \overline{\mathbf{x}}_j)(\mathbf{x}_{ji} - \overline{\mathbf{x}}_j)' \qquad (3.8)$$

mit

x_{jpi}: Ausprägung der p-ten Variable des i-ten Elements der j-ten Gruppe
$j = 1,...,J$, $i = 1,...,n_j$, $p = 1,...,P$
$\overline{x}_{jp}$: Mittelwert der p-ten Variable in der j-ten Gruppe
n_j: Stichprobenumfang der j-ten Gruppe
$\mathbf{x}_{ji}$: Vektor der Ausprägung aller P Variablen des i-ten Elements der j-ten Gruppe
$\overline{\mathbf{x}}_j$: Mittelwertvektor der j-ten Gruppe.

Es ist weiterhin $\hat{\pi}(j)$ ein Schätzer für $\pi(j)$.

Werden in (3.3) die wahren Parameter und die a priori-Wahrscheinlichkeiten durch ihre Schätzwerte (3.7) und (3.8) ersetzt (*Plug in-Schätzung*, [89], S.54), so erhält man die geschätzten quadratischen Diskriminanzfunktionen als

$$\hat{d}_j(\mathbf{x}) = -\frac{1}{2}(\mathbf{x} - \overline{\mathbf{x}}_j)'\mathbf{S}_j^{-1}(\mathbf{x} - \overline{\mathbf{x}}_j) - \frac{1}{2}\log|\mathbf{S}_j| + \log\hat{\pi}(j). \qquad (3.9)$$

Im Falle gleicher Kovarianzmatrizen ($\mathbf{X} \sim N(\boldsymbol{\mu}_j, \boldsymbol{\Sigma})$) wird in (3.4) $\boldsymbol{\Sigma}$ durch die gepoolte Stichprobenkovarianzmatrix

$$\mathbf{S} = \frac{1}{n - J}\sum_{j=1}^{J}\sum_{i=1}^{n_j}(\mathbf{x}_{ji} - \overline{\mathbf{x}}_j)(\mathbf{x}_{ji} - \overline{\mathbf{x}}_j)' \qquad (3.10)$$

ersetzt, wobei $n = \sum\limits_{j=1}^{J} n_j$ der Gesamtstichprobenumfang ist.

Es ergibt sich

$$\hat{d}_j(\mathbf{x}) = -\frac{1}{2}(\mathbf{x} - \overline{\mathbf{x}}_j)'\mathbf{S}^{-1}(\mathbf{x} - \overline{\mathbf{x}}_j) + \log\hat{\pi}(j). \qquad (3.11)$$

Unter Vernachlässigung des vom Gruppenindex j unabhängigen Glieds $-\frac{1}{2}\mathbf{x}'\mathbf{S}^{-1}\mathbf{x}$ ([34], S.319) kann man (3.11) schreiben als

$$\hat{d}_j(\mathbf{x}) = \overline{\mathbf{x}}_j'\mathbf{S}^{-1}\mathbf{x} - \frac{1}{2}\overline{\mathbf{x}}_j'\mathbf{S}^{-1}\overline{\mathbf{x}}_j + \log\hat{\pi}(j) = \mathbf{a}_j'\mathbf{x} + c_j \qquad (3.12)$$

mit $\mathbf{a}_j' = \overline{\mathbf{x}}_j'\mathbf{S}^{-1}$ und $c_j = -\frac{1}{2}\overline{\mathbf{x}}_j'\mathbf{S}^{-1}\overline{\mathbf{x}}_j + \log\hat{\pi}(j)$.

Damit erhält man lineare Diskriminanzfunktionen, die sich als Linearkombination des Merkmalsvektors $\mathbf{x}$ darstellen lassen.

Als letztes sei noch der Spezialfall erwähnt, bei dem nur mit zwei Gruppen eine lineare Diskriminanzanalyse (d.h. also gleiche Kovarianzmatrizen) durchgeführt werden soll. In diesem Fall läßt sich die Bayes-Entscheidungsregel wie folgt darstellen:

Ordne $\mathbf{x}$ der Klasse 1 zu, wenn

$$\pi(1)f(\mathbf{x}|1) \geq \pi(2)f(\mathbf{x}|2)$$
$$\Longrightarrow \log\frac{f(\mathbf{x}|1)}{f(\mathbf{x}|2)} \geq \log\frac{\pi(2)}{\pi(1)}. \tag{3.13}$$

Ersetzt man in den bedingten Klassenverteilungen $f(\mathbf{x}|j)$, $j = 1, 2$, die unbekannten Parameter $\boldsymbol{\mu}_j$ und $\boldsymbol{\Sigma}$ durch die entsprechenden Schätzer (3.7) und (3.10) und die a priori-Wahrscheinlichkeiten durch $\hat{\pi}(j)$, so erhält man die Zuordnungsregel mit:

Ordne das Element $\mathbf{x}$ der Klasse 1 zu, wenn

$$\mathbf{x}'\mathbf{S}^{-1}(\overline{\mathbf{x}}_1 - \overline{\mathbf{x}}_2) - \frac{1}{2}(\overline{\mathbf{x}}_1 + \overline{\mathbf{x}}_2)'\mathbf{S}^{-1}(\overline{\mathbf{x}}_1 - \overline{\mathbf{x}}_2) \geq \log\frac{\hat{\pi}(2)}{\hat{\pi}(1)}$$
$$\Longrightarrow [\mathbf{x} - \frac{1}{2}(\overline{\mathbf{x}}_1 + \overline{\mathbf{x}}_2)]'\mathbf{a} - \log\frac{\hat{\pi}(2)}{\hat{\pi}(1)} \geq 0 \tag{3.14}$$

mit $\mathbf{a} = \mathbf{S}^{-1}(\overline{\mathbf{x}}_1 - \overline{\mathbf{x}}_2)$ ([34], S.319, [35], S.11).

Im Falle $\hat{\pi}(1) = \hat{\pi}(2)$ ergibt sich für den 2-Gruppen-Fall die ML-Regel:

Ordne das Element $\mathbf{x}$ der Klasse 1 zu, wenn

$$[\mathbf{x} - \frac{1}{2}(\overline{\mathbf{x}}_1 + \overline{\mathbf{x}}_2)]'\mathbf{a} \geq 0. \tag{3.15}$$

3.4 Der Ansatz von Fisher

Wie schon in Kapitel 3.1 erwähnt, ist das Verfahren von Fisher ([37]) zur Gruppendiskriminierung eine eher deskriptive Analyse, wobei weder Normalverteilungsannahmen der Zufallsvariablen vorausgesetzt werden noch irgendein Ansatz zur Minimierung von Fehlzuordnungswahrscheinlichkeiten verfolgt wird ([70], S.169). Es soll vielmehr versucht werden, mit Hilfe eines distanzähnlichen Maßes, das auf linearen Kombinationen der Variablen basiert, eine bestmögliche Trennung der Klassen herbeizuführen.

3.4.1 Der 2-Gruppen-Fall

Sei

$$y = a_1 x_1 + \ldots + a_P x_P = \mathbf{a}'\mathbf{x} \qquad p = 1, \ldots, P$$

eine Linearkombination der P Diskriminanzvariablen[3].

Ziel ist es nun den unbekannten Koeffizientenvektor $\mathbf{a}$ so zu wählen, daß die Gruppen möglichst gut getrennt werden ([76], S.54).

Um dieses Problem zu lösen, verwendet Fisher ([37]) im 2-Gruppen-Fall das Maß ([89], S.62):

$$F(\mathbf{a}) = \frac{(\overline{y}_1 - \overline{y}_2)^2}{\mathbf{a}'\mathbf{S}\mathbf{a}} \tag{3.16}$$

mit

$\overline{y}_j = \mathbf{a}'\overline{\mathbf{x}}_j \; : \quad$ Mittelwert der Linearkombination in der j-ten Gruppe $j = 1, 2$

$\mathbf{S} \; : \qquad$ gepoolte Stichprobenkovarianzmatrix.

Die Funktion $F(\mathbf{a})$ stellt also die quadrierte Differenz der Gruppenmittelwerte von $\mathbf{a}'\mathbf{x}$ im Verhältnis zur Stichprobenvarianz $Var(\mathbf{a}'\mathbf{x}) = \mathbf{a}'\mathbf{S}\mathbf{a}$ dar ([89], S.62).

Zum Erreichen einer bestmöglichen Trennung der Gruppen soll (3.16) maximiert werden.

Differenziert man nach $\mathbf{a}$ und setzt den erhaltenen Ausdruck gleich null, so ergibt sich

$$\overline{\mathbf{x}}_1 - \overline{\mathbf{x}}_2 = \mathbf{S}\mathbf{a}\left(\frac{\mathbf{a}'\overline{\mathbf{x}}_1 - \mathbf{a}'\overline{\mathbf{x}}_2}{\mathbf{a}'\mathbf{S}\mathbf{a}}\right). \tag{3.17}$$

Da die Koeffizienten $\mathbf{a}$ nur bis auf einen Proportionalitätsfaktor bestimmt sind, kann $\mathbf{a}$ mit jeder beliebigen Konstante multipliziert werden. Dann ist

$$\mathbf{a} = \mathbf{S}^{-1}(\overline{\mathbf{x}}_1 - \overline{\mathbf{x}}_2) \tag{3.18}$$

---

[3]Geometrisch bedeutet die Bildung von Linearkombinationen eine Projektion der Datenpunkte auf eine Ursprungsgerade mit Richtungsvektor $\mathbf{a}$.

eine Lösung dieser Maximierungsaufgabe.

Ein Element $\mathbf{x}$ wird dann Gruppe 1 zugeordnet, wenn

$$y = \mathbf{a}'\mathbf{x} = (\overline{\mathbf{x}}_1 - \overline{\mathbf{x}}_2)'\mathbf{S}^{-1}\mathbf{x}$$

näher bei $\overline{y}_1 = (\overline{\mathbf{x}}_1 - \overline{\mathbf{x}}_2)'\mathbf{S}^{-1}\overline{\mathbf{x}}_1$ als bei $\overline{y}_2 = (\overline{\mathbf{x}}_1 - \overline{\mathbf{x}}_2)'\mathbf{S}^{-1}\overline{\mathbf{x}}_2$ liegt ([80], S.9, [34], S.323).

In diesem Fall lautet die Entscheidungsregel:

Ordne $\mathbf{x}$ der Gruppe 1 zu, wenn

$$y \geq \frac{1}{2}(\overline{y}_1 + \overline{y}_2)$$
$$\implies \quad \mathbf{a}'[\mathbf{x} - \frac{1}{2}(\overline{\mathbf{x}}_1 + \overline{\mathbf{x}}_2)] \geq 0. \tag{3.19}$$

$\frac{1}{2}(\overline{y}_1 + \overline{y}_2)$ wird als Cut-Off-Point bezeichnet ([5], S.41).

Ungleichung (3.19) entspricht aber gerade der ML-Regel im 2-Gruppen-Fall (siehe (3.15)). Damit gelangt man also bei gleichen a priori-Wahrscheinlichkeiten bei zwei Klassen mit dem deskriptiven Ansatz von Fisher zum gleichen Ergebnis wie mit dem entscheidungstheoretischen Ansatz[4].

3.4.2   Der Mehr-Gruppen-Fall

Das von Fisher ([37]) im Mehr-Gruppen-Fall entwickelte Trennkriterium basiert auf den Innergruppen- und Zwischengruppen-Streuungsmatrizen. Sei im Falle unbekannter Parameter

$$\mathbf{B} = \sum_{j=1}^{J} n_j(\mathbf{x}_j - \overline{\mathbf{x}})(\mathbf{x}_j - \overline{\mathbf{x}})' \tag{3.20}$$

---

[4]Im Falle normalverteilter Daten ist das Ergebnis von Fisher optimal im Sinne geringster Fehlzuordnungswahrscheinlichkeiten.

die Zwischengruppen-Kovarianzmatrix mit $\bar{\mathbf{x}} = \frac{1}{J} \sum_{j=1}^{J} \bar{\mathbf{x}}_j$ und

$$\mathbf{W} = \sum_{j=1}^{J} \sum_{i=1}^{n_j} (\mathbf{x}_{ji} - \bar{\mathbf{x}}_j)(\mathbf{x}_{ji} - \bar{\mathbf{x}}_j)' \qquad (3.21)$$

die Innergruppen-Kovarianzmatrix.

Um nun die optimalen Koeffizienten $\mathbf{a}$ der Linearkombination $y = \mathbf{a}'\mathbf{x}$ zu bestimmen, wird das Kriterium

$$\lambda = \frac{\mathbf{a}'\mathbf{B}\mathbf{a}}{\mathbf{a}'\mathbf{W}\mathbf{a}} \qquad (3.22)$$

maximiert. Das Bilden der ersten Ableitung bezüglich $\mathbf{a}$ und null setzen führt zu

$$(\mathbf{W}^{-1}\mathbf{B} - \lambda\mathbf{I})\mathbf{a} = 0, \qquad (3.23)$$

wenn $\mathbf{W}$ nicht-singulär ist. $\mathbf{I}$ ist die $[P \times P]$ Einheitsmatrix.

Gleichung (3.23) wird auch als Basisgleichung der Diskriminanzanalyse bezeichnet ([76], S.71). Zur Lösung von (3.23) sucht man die Eigenwerte λ_m der Matrix $\mathbf{W}^{-1}\mathbf{B}$. $\mathbf{a}_m$ sind die entsprechenden Eigenvektoren von $\mathbf{W}^{-1}\mathbf{B}$. Eine nicht-triviale Lösung ergibt sich nur, wenn

$$|\mathbf{W}^{-1}\mathbf{B} - \lambda\mathbf{I}| = 0. \qquad (3.24)$$

(3.24) ist ein Polynom in λ, dessen Grad $r = min(P, J - 1)$ ist.

Löst man Gleichung (3.24), so erhält man r von Null verschiedene Eigenwerte λ_m, die sich der Größe nach ordnen lassen ([34], S.324, [76], S.72):

$$\lambda_1 \geq ... \geq \lambda_r. \qquad (3.25)$$

Zu jedem λ_m existiert ein Eigenvektor $\mathbf{a}_m$. Damit erhält man r Linearkombinationen (Diskriminanzfunktionen)

$$y_m = \mathbf{a}_m'\mathbf{x} \qquad m = 1, ..., r, \qquad (3.26)$$

die auch als kanonische Variablen bezeichnet werden ([80], S.66, [89], S.88).

Dabei leistet die erste Diskriminanzfunktion y_1, die auf dem größten Eigenwert λ_1 basiert, den größten Beitrag zur Trennung der Gruppen.

In diesem Sinne kann die LDA im Mehr-Gruppen-Fall auch zur Dimensionsreduzierung eingesetzt werden, wenn man Linearkombinationen y_m vernachlässigt, die keine nennenswerten Beiträge zur Gruppentrennung mehr leisten (also auf sehr kleinen λ_m im Verhältnis zu $\sum\limits_{m=1}^{r} \lambda_m$ basieren) ([34], S.325, [80], S.67).

Zur Klassifikation eines Elements lautet die Zuordnungsregel im Mehr-Gruppen-Fall:

Ordne $\mathbf{x}$ in die Gruppe $\hat{j}$, wenn

$$\sum_{m=1}^{r} [\mathbf{a}_m'(\mathbf{x} - \overline{\mathbf{x}}_{\hat{j}})]^2 = \min_{j} \sum_{m=1}^{r} [\mathbf{a}_m'(\mathbf{x} - \overline{\mathbf{x}}_j)]^2 \qquad j = 1, ..., J. \qquad (3.27)$$

Diese Regel stimmt nicht mehr mit der Entscheidungsregel im Mehr-Gruppen-Fall des entscheidungstheoretischen Ansatzes überein ([34], S. 325). Lachenbruch ([79], [80], S.67f) vergleicht beide Entscheidungsregeln bei gleichen a priori-Wahrscheinlichkeiten und gleichen Kovarianzmatrizen im Falle normalverteilter Daten. Dabei zeigt sich, daß die Regel von Fisher besonders gute Resultate liefert, wenn die Gruppenmittelwerte kollinear angeordnet (linear abhängig) sind.

3.4.3 Fishers linearer Regressionsansatz

Im Falle von zwei Gruppen läßt sich zeigen, daß das Diskriminanzanalyseproblem auch mit Hilfe eines regressionsanalytischen Ansatzes gelöst werden kann, wobei die erhaltenen Koeffizienten proportional zu denen im Fisher-Ansatz sind ([80], S.17, [89], S.63, [35], S.11, [8], S. 212f).

Gegeben sei die lineare Regressionsgleichung

$$y_i = a_0 + \mathbf{a}'\mathbf{x}_i + \epsilon_i \qquad i = 1, ..., n.$$

Dabei ist
$\mathbf{x}_i$: der Merkmalsvektor des i-ten Elements
ϵ_i : der Fehlerterm des i-ten Elements mit $\epsilon_i \sim N(0, \sigma^2)$

$$y_i = \begin{cases} +\frac{n_2}{n} & \text{wenn} \quad \mathbf{x}_i \quad \text{zur Gruppe 1 gehört} \\ -\frac{n_1}{n} & \text{wenn} \quad \mathbf{x}_i \quad \text{zur Gruppe 2 gehört} \end{cases}$$

mit $n = n_1 + n_2$, wobei n der Gesamtstichprobenumfang ist und n_1 bzw. n_2 die Anzahl der Stichprobenelemente in den beiden Gruppen darstellt.

Für den Kleinste-Quadrate-Schätzer von $\mathbf{a}$ gilt:

$$[\sum_{i=1}^{n}(\mathbf{x}_i - \overline{\mathbf{x}})(\mathbf{x}_i - \overline{\mathbf{x}})']\mathbf{a} = \sum_{i=1}^{n}(y_i - \overline{y})(\mathbf{x}_i - \overline{\mathbf{x}}) \tag{3.28}$$

mit $\overline{\mathbf{x}} = \frac{1}{n}(n_1\overline{\mathbf{x}}_1 + n_2\overline{\mathbf{x}}_2)$.

Der Ausdruck in Klammern der linken Seite von (3.28) stellt dabei die Matrix der Summen der Quadrate und Produkte über beide Gruppen dar. Diese kann zerlegt werden in die gepoolte Innergruppen-Streuungsmatrix

$$\sum_{j=1}^{2}\sum_{i=1}^{n_j}(\mathbf{x}_{ji} - \overline{\mathbf{x}}_j)(\mathbf{x}_{ji} - \overline{\mathbf{x}}_j)' = (n-2)\mathbf{S} \tag{3.29}$$

und die Zwischengruppen-Streuungsmatrix

$$\sum_{j=1}^{2}n_j(\mathbf{x}_j - \overline{\mathbf{x}})(\mathbf{x}_j - \overline{\mathbf{x}})'$$
$$= \frac{n_1 n_2}{n}(\overline{\mathbf{x}}_1 - \overline{\mathbf{x}}_2)(\overline{\mathbf{x}}_1 - \overline{\mathbf{x}}_2)'. \tag{3.30}$$

Für die rechte Seite von (3.28) gilt:

$$\sum_{i=1}^{n}(y_j - \overline{y})(\mathbf{x}_i - \overline{\mathbf{x}})'$$
$$= \sum_{i=1}^{n}y_i(\mathbf{x}_i - \overline{\mathbf{x}}) = \frac{n_2 n_1}{n}(\overline{\mathbf{x}}_1 - \overline{\mathbf{x}}) - \frac{n_1 n_2}{n}(\overline{\mathbf{x}}_2 - \overline{\mathbf{x}})$$
$$= \frac{n_1 n_2}{n}(\overline{\mathbf{x}}_1 - \overline{\mathbf{x}}_2). \tag{3.31}$$

Ersetzt man (3.29), (3.30) und (3.31) in (3.28), so ergibt sich

$$[(n-2)\mathbf{S} + \frac{n_1 n_2}{n}(\overline{\mathbf{x}}_1 - \overline{\mathbf{x}}_2)(\overline{\mathbf{x}}_1 - \overline{\mathbf{x}}_2)']\mathbf{a} = \frac{n_1 n_2}{n}(\overline{\mathbf{x}}_1 - \overline{\mathbf{x}}_2)$$
$$\implies \quad (n-2)\mathbf{S}\mathbf{a} = (\overline{\mathbf{x}}_1 - \overline{\mathbf{x}}_2)\frac{n_1 n_2}{n}[1 - (\overline{\mathbf{x}}_1 - \overline{\mathbf{x}}_2)'\mathbf{a}]. \tag{3.32}$$

Damit ist $\mathbf{a}$ proportional zu $\mathbf{S}^{-1}(\overline{\mathbf{x}}_1 - \overline{\mathbf{x}}_2)$, d.h. der im 2-Gruppen-Fall erhaltenen Diskriminanzfunktion von Fisher.

3.5   Fehlerraten

Im Hinblick auf die Zuordnung neuer Elemente zu den Gruppen wurde schon in Kapitel 2 auf die Bestimmung der Fehlerraten eingegangen. Bevor speziell bei der LDA die Schätzung des Fehlers (im Falle unbekannter Parameter) diskutiert wird, sollen zunächst ganz allgemein die verschiedenen Fehlertypen der Zuordnungsregeln im 2-Gruppen-Fall bei Annahme gleicher Fehlklassifikationskosten differenziert werden[5].

3.5.1   Definitionen

Bei Verwendung der Bayes-Regel mit bekannten Parametern der zugrundeliegenden Verteilung ergibt sich die *optimale Gesamtfehlerrate* ([89], [80], S.30) (*theoretische Fehlerrate*, [34], S.313) als

$$\epsilon(S, f) = \pi(1) \int_{S_2} f(\mathbf{x}|1)d\mathbf{x} + \pi(2) \int_{S_1} f(\mathbf{x}|2)d\mathbf{x}$$
$$= \pi(1)\epsilon_{12} + \pi(2)\epsilon_{21}, \tag{3.33}$$

wobei

$\epsilon(S, f)$:	die Fehlerrate bezüglich der Regionen S_j und der bedingten Verteilungen $f(\mathbf{x}|j)$ $j = 1, 2$
$\pi(j)$:	die a priori-Wahrscheinlichkeiten der Gruppe j und
$\epsilon_{ij} = \int_{S_j} f(\mathbf{x}|i)d\mathbf{x}$:	die individuellen Fehlerraten

bezeichnen.

Werden Stichproben zur Bildung der Entscheidungsregel verwendet, so erhält man die *tatsächliche Fehlerrate*[6] ([34], S.313) :

$$\epsilon(\hat{S}, f) = \pi(1) \int_{\hat{S}_2} f(\mathbf{x}|1)d\mathbf{x} + \pi(2) \int_{\hat{S}_1} f(\mathbf{x}|2)d\mathbf{x}. \tag{3.34}$$

---

[5]Die folgenden Begriffe wurden von Hills ([60]) eingeführt.
[6]Siehe (2.15) in Kap. 2.3.

Die *zu erwartende tatsächliche Fehlerrate* (*expected actual error rate*, [89], S.17, [80], S.30)

$$E(\epsilon(\hat{S}, f)) = E[\pi(1) \int_{\hat{S}_2} f(\mathbf{x}|1)d\mathbf{x} + \pi(2) \int_{\hat{S}_1} f(\mathbf{x}|2)d\mathbf{x}] \tag{3.35}$$

gibt dann ein Maß für die Leistungsfähigkeit einer geschätzten Regel an ([34], S.313).

Sind die Parameter der Verteilungen unbekannt, so muß die Fehlerrate geschätzt werden. Dieses kann mit Hilfe der *Plug in-Schätzung* geschehen. Dabei werden die Parameter von $f(\mathbf{x}|j)$ $j = 1, 2$ geschätzt und in der *tatsächlichen Fehlerrate* ersetzt:

$$\epsilon(\hat{S}, \hat{f}) = \pi(1) \int_{\hat{S}_2} \hat{f}(\mathbf{x}|1)d\mathbf{x} + \pi(2) \int_{\hat{S}_1} \hat{f}(\mathbf{x}|2)d\mathbf{x}. \tag{3.36}$$

Der *Plug in-Schätzer* ist ein parametrischer Schätzer, d.h. er läßt sich nur unter gewissen Verteilungsannahmen (z.B. Normalverteilung der Merkmalsvektoren) und bei bekannten $\pi(1)$ und $\pi(2)$ bestimmen.

Nicht-parametrische Schätzer, wie der Resubstitutions- , Teststichproben- , CV- und Bootstrap-Schätzer wurden bereits in Kapitel 2.3 diskutiert.

Es läßt sich zeigen, daß ([41], [60])

$$E(\epsilon(\hat{S}, \hat{f})) \leq \epsilon(S, f) \leq E(\epsilon(\hat{S}, f)) \tag{3.37}$$

ist. Die *optimale Fehlerrate* ist also immer kleiner gleich der *zu erwartenden tatsächlichen Fehlerrate*. Der Erwartungswert der *Plug in-Schätzung* ist kleiner als beide genannten Fehlerraten. D.h. insbesondere, daß die *theoretische Fehlerrate* von der *Plug in-Schätzung* eher unterschätzt wird.

3.5.2   Fehlerraten der linearen Diskriminanzanalyse

Bei der LDA im Falle zweier Gruppen und identischer Kovarianzmatrizen wird unterstellt, daß

$$\mathbf{X} \sim N(\boldsymbol{\mu}_j, \boldsymbol{\Sigma}).$$

Sei weiterhin $\pi(1) = \pi(2)$, d.h. es liegen gleiche a priori-Wahrscheinlichkeiten in beiden Gruppen vor. Dann gilt ([34], S.319):

$$S_1 : \{\mathbf{x} | d(\mathbf{x}) = [\mathbf{x} - \tfrac{1}{2}(\boldsymbol{\mu}_1 + \boldsymbol{\mu}_2)]' \boldsymbol{\Sigma}^{-1}(\boldsymbol{\mu}_1 - \boldsymbol{\mu}_2) \geq 0\}$$
$$S_2 : \{\mathbf{x} | d(\mathbf{x}) = [\mathbf{x} - \tfrac{1}{2}(\boldsymbol{\mu}_1 + \boldsymbol{\mu}_2)]' \boldsymbol{\Sigma}^{-1}(\boldsymbol{\mu}_1 - \boldsymbol{\mu}_2) < 0\}.$$

Da $d(\mathbf{x})^7$ als lineare Funktion in $\mathbf{x}$ normalverteilt ist, ergibt sich die *optimale Fehlerrate* mit ([34], S.327, [89], S.31):

$$
\begin{aligned}
\epsilon(S, f) &= \frac{1}{2} \int_{S_2} f(\mathbf{x}|1)d\mathbf{x} + \frac{1}{2} \int_{S_1} f(\mathbf{x}|2)d\mathbf{x} \\
&= \frac{1}{2} P(d(\mathbf{x}) < 0 | j = 1) + \frac{1}{2} P(d(\mathbf{x}) \geq 0 | j = 2) \\
&= \frac{1}{2} \Phi(\frac{-\delta^2/2}{\delta}) + \frac{1}{2} \Phi(\frac{-\delta^2/2}{\delta}) \\
&= \Phi(\frac{-\delta}{2})
\end{aligned}
\tag{3.38}
$$

wobei $\delta^2 = (\boldsymbol{\mu}_1 - \boldsymbol{\mu}_2)' \boldsymbol{\Sigma}^{-1} (\boldsymbol{\mu}_1 - \boldsymbol{\mu}_2)$ die Mahalanobis-Distanz bezeichnet.

Die *tatsächliche Fehlerrate* $\epsilon(\hat{S}, f)$ erhält man über die geschätzten Regionen $\hat{S}_j$:

$$\hat{S}_1 : \{\mathbf{x} | \hat{d}(\mathbf{x}) = [\mathbf{x} - \tfrac{1}{2}(\overline{\mathbf{x}}_1 + \overline{\mathbf{x}}_2)]' \mathbf{S}^{-1}(\overline{\mathbf{x}}_1 - \overline{\mathbf{x}}_2) \geq 0\}$$
$$\hat{S}_2 : \{\mathbf{x} | \hat{d}(\mathbf{x}) = [\mathbf{x} - \tfrac{1}{2}(\overline{\mathbf{x}}_1 + \overline{\mathbf{x}}_2)]' \mathbf{S}^{-1}(\overline{\mathbf{x}}_1 - \overline{\mathbf{x}}_2) < 0\}$$

mit

$$\epsilon(\hat{S}, f) = \frac{1}{2} \int_{\hat{S}_2} f(\mathbf{x}|1)d\mathbf{x} + \frac{1}{2} \int_{\hat{S}_1} f(\mathbf{x}|2)d\mathbf{x}$$

---

[7]$d(\mathbf{x}) = d_1(\mathbf{x}) - d_2(\mathbf{x})$, wobei $d_j(\mathbf{x})$ in Kapitel 3.2 Gleichung (3.4) definiert wurde.

$$= \frac{1}{2}\Phi\left(-\frac{\hat{d}(\boldsymbol{\mu}_1)}{\sqrt{Var\,\hat{d}(\mathbf{x})}}\right) + \frac{1}{2}\Phi\left(\frac{\hat{d}(\boldsymbol{\mu}_2)}{\sqrt{Var\,\hat{d}(\mathbf{x})}}\right) \qquad (3.39)$$

wobei

$$\begin{aligned}
\hat{d}(\boldsymbol{\mu}_1) &= E(\hat{d}(\mathbf{x})|j=1) = [\boldsymbol{\mu}_1 - \frac{1}{2}(\overline{\mathbf{x}}_1 + \overline{\mathbf{x}}_2)]'\mathbf{S}^{-1}(\overline{\mathbf{x}}_1 - \overline{\mathbf{x}}_2) \\
\hat{d}(\boldsymbol{\mu}_2) &= E(\hat{d}(\mathbf{x})|j=2) \\
Var\,\hat{d}(\mathbf{x}) &= (\overline{\mathbf{x}}_1 - \overline{\mathbf{x}}_2)'\mathbf{S}^{-1}\boldsymbol{\Sigma}\mathbf{S}^{-1}(\overline{\mathbf{x}}_1 - \overline{\mathbf{x}}_2).
\end{aligned}$$

Die *tatsächliche Fehlerrate* läßt sich folglich nur bei bekannten Parametern $\boldsymbol{\mu}_j$ und $\boldsymbol{\Sigma}$ berechnen.

Ersetzt man in (3.39) die unbekannten Parameter durch die Schätzer $\overline{\mathbf{x}}_j$ und $\mathbf{S}$, so erhält man die *Plug in-Schätzung*:

$$\begin{aligned}
\epsilon(\hat{S}, \hat{f}) &= \frac{1}{2}\int_{\hat{S}_2} \hat{f}(\mathbf{x}|1)d\mathbf{x} + \frac{1}{2}\int_{\hat{S}_1} \hat{f}(\mathbf{x}|2)d\mathbf{x} \\
&= \frac{1}{2}\Phi\left(-\frac{D}{2}\right) + \frac{1}{2}\Phi\left(-\frac{D}{2}\right) = \Phi\left(-\frac{D}{2}\right) \qquad (3.40)
\end{aligned}$$

wobei $D^2 = (\overline{\mathbf{x}}_1 - \overline{\mathbf{x}}_2)'\mathbf{S}^{-1}(\overline{\mathbf{x}}_1 - \overline{\mathbf{x}}_2)$ die (Stichproben-)Mahalanobis-Distanz darstellt. (3.40) ist der ML-Schätzer für die *optimale Fehlerrate*. Er ist konsistent und asymptotisch effizient, jedoch nicht unverzerrt. Genauere Ausführungen bezüglich des Bias von $\epsilon(\hat{S}, \hat{f})$ findet man bei McLachlan ([89], S.367).

3.6 Variablenauswahl

3.6.1 Motivation

In diskriminanzanalytischen Fragestellungen ist es nicht immer wünschenswert, den gesamten Variablenvektor $\mathbf{x}$ in die Untersuchung einzubeziehen.

Aus betriebswirtschaftlicher Sicht z.B. spielt die Kostenfrage bei der Merkmals-
erhebung eine wesentliche Rolle ([65], S.118). Außerdem sinkt im Falle von Per-
sonenbefragungen mit zunehmender Anzahl von Merkmalen die Bereitschaft zur
Auskunft ([34], S.108).

Aber auch statistische Gründe sprechen für eine Variablenselektion. Zu viele Variablen im Verhältnis zur Gesamtstichprobe können die Qualität der gebildeten
Entscheidungsregeln beeinträchtigen ([89], S.389).

Wenn die Diskriminanzfunktion mit Hilfe einer Lernstichprobe geschätzt wird,
kann die *erwartete tatsächliche Fehlerrate* durch die Entfernung einiger (für die
Analyse unwichtiger) Variablen sogar sinken, weil die Anzahl der aus der Stichprobe zu schätzenden Parameter geringer wird ([35], S.24, [89], S.391).

Die Zielsetzung der Klassifikationsanalyse bestimmt nun das Vorgehen bei der
Dimensionsreduzierung.

Ist das vorrangige Ziel, diejenigen Variablen herauszufinden, die die Unterschiede
der Gruppen möglichst gut beschreiben, so muß man die Variablenuntergruppe
in die Analyse einbeziehen, die in bezug auf die Gruppentrennung besonders
geeignet ist.

Soll in der Untersuchung die Zuordnung neuer Elemente zu den Gruppen im Vordergrund stehen, ist die Orientierung an der Fehlerrate das geeignete Kriterium
für die Dimensionsreduzierung.

Im Falle von mehr als 2 Gruppen kann das Ergebnis der Variablenselektion bei den
beiden genannten Zielen sehr unterschiedlich sein ([89], S.389f). Weitere Ziele und
die ihnen entsprechenden Methoden zur Dimensionsreduktion findet man z.B. bei
Schaafsma ([102]).

3.6.2 Test auf zusätzliche Information

Im folgenden sei ein Normalverteilungsmodell mit gleichen Kovarianzmatrizen unterstellt, d.h.

$$\mathbf{X} \sim N(\boldsymbol{\mu}_j, \boldsymbol{\Sigma}) \qquad j = 1, ..., J.$$

Angenommen, der Variablenvektor $\mathbf{x}$ sei in zwei Teilvektoren $\mathbf{x} = (\mathbf{x}_1, \mathbf{x}_2)'$ zerlegt, wobei $\mathbf{x}_1$ q Merkmale und $\mathbf{x}_2$ die restlichen $P - q$ Variablen enthält.

Es stellt sich die Frage, ob der Vektor $\mathbf{x}_2$ irgendwelche zusätzlichen Informationen zur Trennung der Gruppen – über die des Vektors $\mathbf{x}_1$ hinaus – bietet ([35], S.24).

Seien weiterhin

$$\boldsymbol{\mu}_j = \begin{bmatrix} \boldsymbol{\mu}_{j1} \\ \boldsymbol{\mu}_{j2} \end{bmatrix} \qquad \boldsymbol{\Sigma} = \begin{bmatrix} \boldsymbol{\Sigma}_{11} & \boldsymbol{\Sigma}_{12} \\ \boldsymbol{\Sigma}_{21} & \boldsymbol{\Sigma}_{22} \end{bmatrix} \qquad (3.41)$$

die entsprechenden Aufteilungen des Erwartungswertvektors $\boldsymbol{\mu}_j$ und der Kovarianzmatrix $\boldsymbol{\Sigma}$ bezüglich der Variablenteilmengen, d.h. $\boldsymbol{\mu}_{j1}$ ist ein $[q \times 1]$ und $\boldsymbol{\mu}_{j2}$ ein $[(P - q) \times 1]$ Vektor ([68], S.275).

Betrachtet man nur zwei Gruppen, so läßt sich eine Teststatistik angeben, die auf der Mahalanobis-Distanz der Gruppen basiert und Anhaltspunkte zur Wichtigkeit der Variablen gibt ([89], S.393).

Dazu sei

$$\delta_P^2 = (\boldsymbol{\mu}_1 - \boldsymbol{\mu}_2)' \boldsymbol{\Sigma}^{-1} (\boldsymbol{\mu}_1 - \boldsymbol{\mu}_2) \qquad (3.42)$$

die Mahalanobis-Distanz zwischen den beiden Gruppen, die auf allen P Variablen basiert und

$$\delta_q^2 = (\boldsymbol{\mu}_{11} - \boldsymbol{\mu}_{21})' \boldsymbol{\Sigma}_{11}^{-1} (\boldsymbol{\mu}_{11} - \boldsymbol{\mu}_{21}) \qquad (3.43)$$

die entsprechende Distanz in bezug auf die q Variablen des Vektors x_1[8].

Die Nullhypothese eines Tests auf Adäquatheit der Variablen kann dann wie folgt formuliert werden:

$$H_0 : x_2 \text{ bietet keine zusätzliche Information zur Trennung der Gruppen}$$

bzw.

$$H_0 : \delta_P^2 = \delta_q^2.$$

Die entsprechende Prüfgröße lautet:

$$F = \frac{(n_1 + n_2 - P - 1)}{(P - q)} n_1 n_2 \frac{(D_P^2 - D_q^2)}{(n_1 + n_2)(n_1 + n_2 - 2) + n_1 n_2 D_q^2} \tag{3.44}$$

wobei D_P und D_q die Stichproben-Mahalanobis-Distanzen darstellen, die man erhält, wenn man in (3.42) und (3.43) anstelle der unbekannten Parameter deren ML-Schätzer einsetzt. n_j, $j = 1, 2$, sind die Stichprobenumfänge der Elemente der j-ten Gruppe.

(3.44) ist unter H_0 F-verteilt mit $(P - q)$ und $(n_1 + n_2 - P - 1)$ Freiheitsgraden ([68], S.275).

Bei mehr als zwei Gruppen läßt sich – ähnlich wie im 2-Gruppen-Fall – eine Statistik angeben, die untersucht, ob eine weitere Variable zusätzliche Informationen zur Trennung bietet. Sei

$$\mathbf{B} = \sum_{j=1}^{J} n_j (\overline{x}_j - \overline{x})(\overline{x}_j - \overline{x})'$$

die Zwischengruppen-Streuungsmatrix und

$$\mathbf{W} = (n - J)\mathbf{S}$$

die gepoolte Innergruppen-Streuungsmatrix.

---

[8] μ_{j1} $j = 1, 2$ ist der Erwartungswertvektor der j-ten Gruppe des Vektors x_1, Σ_{11} ist der Teil der gemeinsamen Kovarianzmatrix beider Gruppen, der nur die Kovarianzen zwischen den q Variablen aus x_1 einbezieht.

Zerlegt man $\mathbf{B}$ und $\mathbf{W}$ bezüglich der Merkmalsvektoren $\mathbf{x}_1$ und $\mathbf{x}_2$, so ergibt sich

$$\mathbf{B} = \begin{bmatrix} \mathbf{B}_{11} & \mathbf{B}_{12} \\ \mathbf{B}_{21} & \mathbf{B}_{22} \end{bmatrix} \qquad \mathbf{W} = \begin{bmatrix} \mathbf{W}_{11} & \mathbf{W}_{12} \\ \mathbf{W}_{21} & \mathbf{W}_{22} \end{bmatrix}. \tag{3.45}$$

Es läßt sich zeigen, daß im Spezialfall $P - q = 1$, wenn der Vektor $\mathbf{x}_2$ also nur eine Variable enthält, unter

H_0 : $\mathbf{x}_2$ bietet keine zusätzliche Information zur Gruppentrennung

die Prüfgröße

$$\tilde{F} = \frac{(n - J - P + 1)}{J - 1} \left(\frac{1 - \Lambda_{P-q,q}}{\Lambda_{P-q,q}} \right) \tag{3.46}$$

F-verteilt ist mit $(J - 1)$ und $(n - J - P + 1)$ Freiheitsgraden. Dabei ist

$$\Lambda_{P-q,q} = \frac{|\mathbf{W}_{2.1}|}{|\mathbf{B}_{2.1} + \mathbf{W}_{2.1}|}$$

mit $\mathbf{W}_{2.1} = \mathbf{W}_{22} - \mathbf{W}_{21}\mathbf{W}_{11}^{-1}\mathbf{W}_{12}$ und[9]
$\mathbf{B}_{2.1} = (\mathbf{B}_{22} + \mathbf{W}_{22}) - (\mathbf{B}_{21} + \mathbf{W}_{21})(\mathbf{B}_{11} + \mathbf{W}_{11})^{-1}(\mathbf{B}_{12} + \mathbf{W}_{12}) - \mathbf{W}_{2.1}$ ([98], S.471, [89], S.393f).

3.6.3 Schrittweise Auswahlverfahren

Um nun die „beste" Untermenge des Variablenvektors $\mathbf{x}$ bezüglich einer möglichst optimalen Gruppentrennung herauszufinden, bietet sich zunächst das Verfahren der vollständigen Untermengen-Suche an. Dabei werden alle möglichen Untermengen des Vektors $\mathbf{x}$ gebildet und anhand spezieller Kriterien untersucht, welche dieser Teilmengen die Forderung nach der bestmöglichen Diskriminierung am

---

[9]Im Spezialfall $P - q = 1$ sind $\mathbf{B}_{2.1}$ und $\mathbf{W}_{2.1}$ skalar.

chesten erfüllt. Diese vollständige Suche ist allerdings bei einer großen Anzahl von Variablen sehr rechenintensiv und so nur schwer durchführbar. Eine Diskussion über die in diesem Zusammenhang verwendeten Verfahren findet man bei McLachlan ([89], S.397ff) und der dort angegebenen Literatur.

Einfacher zu handhaben sind sogenannte schrittweise Verfahren, die auf den in Kapitel 3.6.2 beschriebenen Kriterien der Adäquatheit der Variablen basieren. Diese sollen hier näher erläutert werden.

Bei der schrittweisen Vorwärtsselektion (stepwise forward selection) wird für jede Variable x_p, $p = 1, ..., P$, (d.h. $\mathbf{x}_1 = \{x_p\}$) zunächst die Größe

$$\overline{F} = \frac{(n - J)}{(J - 1)} \frac{1 - \Lambda_p}{\Lambda_p} \qquad (3.47)$$

mit

$$\Lambda_p = \frac{\mathbf{W}_{11}}{\mathbf{B}_{11} + \mathbf{W}_{11}}$$

berechnet. $\overline{F}$ ist die gewöhnliche F-Statistik der univariaten Varianzanalyse mit $(J - 1)$ und $(n - J)$ Freiheitsgraden ([89], S.398, [34], S.330).
Ausgewählt wird diejenige Variable $x_{p,opt}$, die den größten $\overline{F}$-Wert besitzt, vorausgesetzt $\overline{F}$ überschreitet einen bestimmten kritischen Wert (z.B. $\overline{F}_{n-J;1-\alpha}^{J-1}$).

Ist nun $x_{p,opt}$ ausgewählt, so wird für jede andere Variable x_p ($p = 1, ..., P, p \neq p, opt$) die $\tilde{F}$-Statistik (Gleichung (3.46) in Kapitel 3.6.2) berechnet, wobei $\mathbf{x}_1 = \{x_{p,opt}\}$ und $\mathbf{x}_2 = \{x_p\}$. Es wird die Variable mit dem größten $\tilde{F}$-Wert ausgewählt – wenn sie einen gewissen vorgegebenen Wert überschreitet – und dem Vektor $\mathbf{x}_1$ für weitere Iterationen hinzugefügt.

Im nächsten Schritt wird nun wiederum aus den verbleibenden $P - 2$ noch nicht aufgenommenen Variablen die mit dem maximalen $\tilde{F}$ gewählt, u.s.w.. Das Verfahren bricht ab, sobald in einer Iteration alle errechneten $\tilde{F}$-Werte kleiner als der vorgegebene kritische Wert sind. Alle bis dahin in den Vektor $\mathbf{x}_1$ aufgenommenen Variablen werden in die nachfolgende Diskriminanzanalyse einbezogen.

Bei der Rückwärtsselektion (stepwise backward selection) geht man zunächst vom Gesamtmerkmalsvektor $\mathbf{x}$ aus.

Für jede einzelne Variable wird nun wiederum die $\tilde{F}$-Statistik berechnet, und diejenige Variable aus $\mathbf{x}$ eliminiert, die den geringsten $\tilde{F}$-Wert in bezug auf die restlichen $P - 1$ Variablen aufweist.

In jeder weiteren Iteration betrachtet man nur noch die verbleibenden Variablen und vernachlässigt so nach und nach weitere Merkmale mit der kleinsten $\tilde{F}$-Statistik. In jedem Schritt wird dazu geprüft, ob alle errechneten Werte $\tilde{F}$ einen bestimmten kritischen Wert überschreiten. Ist das der Fall, so bricht das Verfahren ab. Alle verbleibenden Variablen bilden die optimale Untermenge von $\mathbf{x}$ in bezug auf eine möglichst gute Trennfähigkeit ([89], S.399).

Oftmals werden Vorwärts- und Rückwärtsselektion auch kombiniert zur Variablenauswahl eingesetzt[10]. Dabei geht man zunächst wie bei der Vorwärtsselektion vor (d.h. es wird jeweils die Variable mit dem höchsten $\tilde{F}$-Wert ins Modell aufgenommen).

Für jede aufgenommene Variable wird hierbei die $\tilde{F}$-Statistik in bezug auf die restlichen einbezogenen Variablen berechnet. Überschreitet der kleinste $\tilde{F}$-Wert nicht den vorgegebenen kritischen Wert, so wird die entsprechende Variable eliminiert. Ohne diese beginnt man wieder mit der Vorwärtsselektion. Das Verfahren endet, wenn keine weitere Variable mehr aufgenommen und keine mehr ausgeschlossen werden kann ([89], S.399, [100], S.910).

Ein großes Problem bei den genannten Selektionsverfahren stellt die Wahl des kritischen Werts für die $\tilde{F}$-Statistik dar. Für die kombinierte Vorwärts- und Rückwärtsselektion schlägt Hawkins ([55], [35], S.28) vor, das Signifikanzniveau zum Ausschluß von Variablen etwas höher anzusetzen als das zum Einschluß von Variablen, um zu vermeiden, daß das Verfahren in eine „Endlosschleife" gerät.

Weiterhin sei bemerkt, daß alle durchgeführten Tests nicht unabhängig voneinander sind, und man so nur schwer das gemeinsame Signifikanzniveau einschätzen kann ([89], S.400). Costanza und Afifi ([21]) testeten mit Hilfe von Monte-Carlo-Simulationen für den Fall von zwei Gruppen die Klassifikationsgüte bei der Auswahl von Variablen bezüglich der Wahl des kritischen Werts von $\tilde{F}$. Gute Ergebnisse werden bei einem Signifikanzniveau zwischen 10% und 25% erzielt.

---

[10]Im Statistikprogrammpaket SAS heißt die entsprechende Prozedur *stepwise selection*, siehe auch Klecka ([73]).

Als letztes soll noch einmal betont werden, daß bei der Variablenauswahl mit Hilfe
der schrittweisen Verfahren nur suboptimale Lösungen erzielt werden können, da
in jedem Schritt nur jeweils eine Variable aufgenommen bzw. eliminiert wird. Die
Beziehungen zwischen bestimmten Merkmalskombinationen werden somit nicht
berücksichtigt. Kommt solchen Variablenuntermengen in bezug auf die Trennung
der Gruppen eine große Bedeutung zu, wird das Problem der optimalen Merk-
malsselektion nur unzureichend gelöst.

Wie schon in Kapitel 3.6.1 erwähnt, muß bei der Auswahl von Variablen die Frage im Vordergrund stehen, welches Ziel hiermit erreicht werden soll. Hat man
den Wunsch, die Fehlerrate in bezug auf neue, unklassifizierte Elemente zu minimieren, so können Auswahlverfahren gewählt werden, die dieses Zielkriterium
berücksichtigen. In der Literatur gibt es verschiedene Ansätze (z.B. [87], [48]),
die geschätzte Gesamtfehlerrate in den Selektionsprozeß einzubeziehen, z.B. indem bei der schrittweisen Auswahl diese Fehlerrate anstatt der $\tilde{F}$-Statistik als
Auswahlkriterium benutzt wird ([43], [89], S.401).

Fatti et al.([35], S.26) weisen allerdings darauf hin, daß im 2-Gruppen-Fall die
Auswahlregeln, die auf der Basis von Mahalanobis-Distanzen und diejenigen, die
mit Hilfe der Gesamtfehlerrate aufgestellt werden, zu sehr ähnlichen Ergebnissen
führen.

3.7 Robustheit des Verfahrens

An die Anwendung der klassischen linearen Diskriminanzanalyse sind folgende
Voraussetzungen geknüpft ([80], S.40, [35], S.17):

- $f(\mathbf{x}|j)$, $j = 1, ..., J$, ist die bedingte Dichte eines multivariat normalverteil-
  ten Zufallsvektors.

- Die Kovarianzmatrizen in den Gruppen sind gleich ($\boldsymbol{\Sigma}_1 = ... = \boldsymbol{\Sigma}_J = \boldsymbol{\Sigma}$).

- Die a priori-Wahrscheinlichkeiten $\pi(j)$ $j = 1, ..., J$ sind bekannt.

- Die Erwartungswerte μ_j und die Kovarianzmatrizen Σ_j, $j = 1, ..., J$, sind bekannt.

Im folgenden soll diskutiert werden, wie robust die diskriminanzanalytischen Regeln sind, wenn insbesondere die ersten beiden Bedingungen verletzt sind.

Bei unbekannten a priori-Wahrscheinlichkeiten, Erwartungswerten und Kovarianzmatrizen erhält man durch erwartungstreue Schätzung dieser Parameter aus einer zugrundeliegenden Stichprobe lineare Diskriminanzfunktionen, die meist zufriedenstellende Klassifikationsresultate erbringen ([35], S.17).

Bei der Beurteilung der ersten Voraussetzung sei zunächst der 2-Gruppen-Fall angenommen. In Kapitel 3.4.1 wurde bereits gezeigt, daß der Ansatz von Fisher, der keine explizite Verteilungsannahme voraussetzt, zum gleichen Ergebnis führt, wie der entscheidungstheoretische Ansatz. In diesem Fall reagiert die LDA also sehr robust auf Verletzung der Normalverteilungsannahme.

Betrachtet man J Gruppen, so empfehlen Fatti et al. ([35] S.18), die Gestalt der zugrundeliegenden bedingten Verteilungen näher zu betrachten. Haben die $f(\mathbf{x}|j)$ weniger Masse am Rand als die Normalverteilung ([89], S.155), so sind die mit Hilfe der Diskriminanzregeln erzielten Klassifikationsergebnisse im allgemeinen recht gut. Sind die Ausgangsverteilungen allerdings schief und „heavy tailed", erzielt man schlechte Resultate. Im Falle von symmetrischen bedingten Dichten, die viel Masse an den Rändern der Verteilungen haben, reagieren (zumindest) die quadratischen Regeln nur bei großen Stichprobenumfängen robust in bezug auf die Gesamtfehlerrate.

Werden auch kategoriale oder binäre Variablen in die Untersuchung einbezogen, so bieten sich zur Lösung des Zuordnungsproblems Lokalisations- oder multinomiale Modelle an[11]. Allerdings erzielt man auch mittels der LDA gute Klassifikationsergebnisse. Voraussetzung dafür ist die approximative Linearität des Log-Likelihood-Verhältnisses

---

[11]Für eine ausführliche Beschreibung siehe Fahrmeir et al. ([34], S.339ff).

$$\log(\frac{f(\mathbf{x}|1)}{f(\mathbf{x}|2)})^{12}$$

in $\mathbf{x}$ (ausführlich in [89], S.155f, [54],S.55ff).

Als letztes stellt sich die Frage, wie robust sich die linearen diskriminanzanalytischen Entscheidungsregeln gegenüber der Verletzung der Annahme gleicher
Kovarianzmatrizen verhalten.

Ganz generell kann gesagt werden ([80], S.47, [35], S.20), daß bei Kovarianzmatrizen, die nicht sehr unterschiedlich in den Gruppen sind, die linearen den quadratischen Diskriminanzfunktionen vorzuziehen sind. Weiterhin ist die lineare Entscheidungsregel beim Vorliegen von Heteroskedastizität, einer großen Anzahl von
Variablen und kleineren Stichprobenumfängen attraktiver als die quadratische
Regel, da hier die Stichprobenschwankungen durch die Inverse der gemeinsamen
geschätzten Kovarianzmatrix $\mathbf{S}^{-1}$ besser aufgefangen werden können als durch
$\mathbf{S}_j^{-1}$ ([35], S.20).

Um in praktischen Anwendungen das Vorliegen von Homoskedastizität und grup-
penspezifischer Normalverteilung zu rechtfertigen, kann man z.B. mit Hilfe des
von Hawkins ([56]) vorgeschlagenen simultanen Tests die Hypothese

$$H_0 \quad : \quad \mathbf{X} \sim N(\boldsymbol{\mu}_j, \boldsymbol{\Sigma}) \qquad j = 1, ..., J$$

überprüfen. Nähere Ausführungen dazu finden sich bei McLachlan ([89], S.170ff).

3.8   Neuere Ansätze zur linearen Diskriminanz-analyse

In den neunziger Jahren wurde in zahlreichen Ansätze versucht, die klassische
LDA weiterzuentwickeln bzw. die Schwächen, die mit der Anwendung des Verfahrens verbunden sind, auszumerzen.

---

[12]Für den 2-Gruppen-Fall.

Eine Reihe von Veröffentlichungen beziehen sich insbesondere auf zwei Probleme ([50]):

1. Die problematische Anwendung der LDA bei einer großen Anzahl von hochkorrelierten Variablen.

2. Die relativ schlechte Anpassungsfähigkeit des Verfahrens, wenn die Klassengrenzen sehr komplex und somit nicht-linear sind.

Eine Lösung des ersten Problems bietet die sogenannte *penalized discriminant analysis* (PDA) ([50]). Immer wenn das Verhältnis von Variablenanzahl zu Stichprobengröße sehr hoch ist, erhält man bei Anwendung der LDA unakzeptable Ergebnisse, die mit unstabilen Schätzungen der Kovarianzmatrix und der daraus resultierenden Mahalanobis-Distanz im Zusammenhang stehen. Die PDA versucht dieses Problem mit Hilfe der Verbindung von LDA und linearen Regressionsansätzen zu lösen. Hastie et al. ([50]) beschreiben anhand von Beispielen aus dem Bereich Sprach- und Handschriftenerkennung diesen Ansatz ausführlich.

Eine Erweiterung der PDA bezieht sich im wesentlichen auf das zweite Problem. In der sogenannten *flexiblen Diskriminanzanalyse* (FDA) wird mit Hilfe der Einbeziehung von nicht-parametrischen adaptiven Regressionsmethoden versucht, nicht-lineare Entscheidungsgrenzen zu modellieren, um so bessere Klassifikationsergebnisse zu erzielen ([52]).

Schließlich sei noch die *mixture discriminant analysis* (MDA) als geeignete Methode zur Resultatsverbesserung bei Vorliegen von bestimmten Datenstrukturen erwähnt ([51]). Dieses Verfahren bezieht sowohl die PDA als auch die FDA in den Lösungsprozeß ein. Ausgangspunkt der Überlegungen ist dabei die Annahme, daß jede Klasse aus vielen normalverteilten Unterklassen besteht, die aber nicht beobachtbar sind. Das Verfahren versucht solche Unterklassen zu identifizieren und die Elemente mit Hilfe ihrer Abstände zu den Untergruppenzentroiden zu klassifizieren. Diese Methode ist besonders effektiv, wenn die Klassen in irgendeiner Form geclustert vorliegen.

Kapitel 4

Logistische Regression

4.1 Modellformulierung

Im folgenden soll das von Day und Kerridge ([25]) und Cox ([22]) entwickelte Modell der logistischen Regression (LR) zur Lösung von Klassifikationsproblemen[1] näher erläutert werden.

Bei diesem Ansatz handelt es sich um ein nur partiell verteilungsgebundenes Verfahren ([7], S.169), da Verteilungsannahmen über das Verhältnis der zugrundeliegenden bedingten Randdichten benötigt werden, aber nicht – wie bei der LDA – $f(\mathbf{x}|j)$, $j = 1, ..., J$ zwangsweise die Klassendichte eines normalverteilten Zufallsvektors ist.

Es wird zunächst der 2-Gruppen-Fall betrachtet. Die *fundamentale Annahme* der logistischen Regression besagt, daß der Logarithmus des Verhältnisses der bedingten Klassenverteilungen linear ist:

$$\log(\frac{f(\mathbf{x}|1)}{f(\mathbf{x}|2)}) = \beta_0^* + \boldsymbol{\beta}'\mathbf{x}, \qquad (4.1)$$

---

[1]In diesem Zusammenhang wird auch der Begriff logistische Diskrimination (z.B. [89], S.255ff) verwendet.

wobei $\boldsymbol{\beta}' = (\beta_1, ..., \beta_P)$ und β_0^* die zu schätzenden $P + 1$ Parameter darstellen ([89], S.255).

Legt man nun die Bayes-Minimum-Error-Regel (2.6) aus Kapitel 2.1

$$\frac{f(\mathbf{x}|1)\pi(1)}{f(\mathbf{x}|2)\pi(2)} \geq 0 \qquad (4.2)$$

als optimale Zuordnungsregel zugrunde, so erhält man nach Logarithmierung

$$\beta_0^* + \log(\frac{\pi(1)}{\pi(2)}) + \boldsymbol{\beta}'\mathbf{x} \geq 0. \qquad (4.3)$$

Das heißt, bei der logistischen Regression wird im Falle zweier Klassen ein Element der ersten Gruppe zugeordnet, wenn (4.3) gilt.

Äquivalent dazu ergibt sich unter Anwendung des Bayes-Theorems (2.5) aus Kapitel 2.1 :

$$\log(\frac{\pi(1|\mathbf{x})}{\pi(2|\mathbf{x})}) = \log(\frac{\pi(1|\mathbf{x})}{1 - \pi(1|\mathbf{x})}) = \beta_0 + \boldsymbol{\beta}'\mathbf{x} \qquad (4.4)$$

mit $\beta_0 = \beta_0^* + \log(\frac{\pi(1)}{\pi(2)})$. Das bedeutet, daß das logarithmierte Verhältnis der a posteriori-Wahrscheinlichkeiten ebenfalls linear ist.

Für die a posteriori-Wahrscheinlichkeiten der 1. Gruppe gilt dann ([89], S.255, [34], S.358):

$$\pi(1|\mathbf{x}) = \frac{e^{\beta_0 + \boldsymbol{\beta}'\mathbf{x}}}{1 + e^{\beta_0 + \boldsymbol{\beta}'\mathbf{x}}}. \qquad (4.5)$$

Diese Ergebnisse können auf den Fall von $J > 2$ Klassen verallgemeinert werden. Die Modellannahme lautet hier:

$$\log(\frac{f(\mathbf{x}|j)}{f(\mathbf{x}|J)}) = \beta_{0j}^* + \boldsymbol{\beta}'_j\mathbf{x} \qquad j = 1, ..., J - 1 \qquad (4.6)$$

mit $\boldsymbol{\beta}'_j = (\beta_{1j}, ..., \beta_{Pj})$.

Für die a posteriori-Wahrscheinlichkeiten ergibt sich somit äquivalent:

$$\pi(j|\mathbf{x}) = \frac{e^{\beta_{0j} + \boldsymbol{\beta}_j'\mathbf{x}}}{\sum\limits_{j=1}^{J-1}(1 + e^{\beta_{0j} + \boldsymbol{\beta}_j'\mathbf{x}})} \qquad j = 1, ..., J-1 \tag{4.7}$$

mit $\beta_{0j} = \beta_{0j}^* + \log(\frac{\pi(j)}{\pi(J)})$ ([34], S.358, [89], S.256).

Der Vorteil der logistischen Regression liegt darin, daß Voraussetzung (4.6) für eine große Anzahl von Verteilungsfamilien erfüllt ist. Anderson ([7], S.171) nennt z.B.

1. die multivariate Normalverteilung mit gleichen Kovarianzmatrizen,

2. multivariate diskrete Verteilungen, die in Log-linearen Modellen die gleichen Interaktionsterme besitzen,

3. gemeinsame Verteilungen von stetigen und diskreten aber nicht unbedingt unabhängigen Zufallsvariablen, die 1. oder 2. erfüllen.

Das Modell der logistischen Regression ist hier im Zusammenhang mit dem Problem der Zuordnung von unbekannten Elementen zu einer der vorgegebenen Gruppen beschrieben worden.

Seine ursprüngliche Anwendung liegt allerdings bei der Formulierung von Regressionsmodellen. In diesem Fall soll die Modellierung eines Zusammenhangs zwischen einer J-stufigen kategorialen abhängigen Variable und einem Vektor $\mathbf{x}$ von erklärenden Variablen vorgenommen werden.

Ist die Zielvariable y binär, so kann man bei dieser Problemstellung die bedingten Auftretenswahrscheinlichkeiten $P(Y = 1|\mathbf{x})$ durch die logistische Verteilungsfunktion darstellen ([34], S.217):

$$P(Y = 1|\mathbf{x}) = \pi(1|\mathbf{x}) = \frac{e^{\beta_0 + \boldsymbol{\beta}'\mathbf{x}}}{1 + e^{\beta_0 + \boldsymbol{\beta}'\mathbf{x}}}. \tag{4.8}$$

Der Wertebereich dieser Funktion ist auf das Intervall $[0,1]$ beschränkt. Wie schon erwähnt, kann man nun (4.8) in eine lineare Gleichung der Form

$$logit(\pi(1|\mathbf{x})) = \log(\frac{\pi(1|\mathbf{x})}{1 - \pi(1|\mathbf{x})}) = \beta_0 + \boldsymbol{\beta}'\mathbf{x} \qquad (4.9)$$

transformieren[2]. Diese kann nun Funktionswerte im Bereich $[-\infty, \infty]$ annehmen und somit können die günstigen Eigenschaften eines linearen Modells ausgenutzt werden ([86], S.76; [64], S.7).

4.2 Maximum-Likelihood-Schätzung

Bei der Modellformulierung der logistischen Regression müssen in (4.5) bzw. (4.7) die in der Regel unbekannten $(J-1)(P+1)$ Parameter geschätzt werden. Die folgenden Ausführungen dazu beziehen sich auf den 2-Gruppen-Fall. Eine Erweiterung auf $J > 2$ ist leicht möglich (siehe [7], S.187ff).

Bei der Entwicklung der Parameterschätzer sind verschiedene Stichprobensituationen zu unterscheiden. Voraussetzung aller dieser Design-Möglichkeiten ist, daß neben den Variablenvektoren $\mathbf{x}_i$, $i = 1, ..., n$, auch die Klassenzugehörigkeit j_i beobachtbar ist[3].

Stichproben, die nach den Merkmalsausprägungen $\mathbf{x}$ geschichtet sind (*x-conditional-sampling*, [89], S.259f) liegen vor, wenn beim Stichprobenumfang n für die vorgegebenen festen Werte $\mathbf{x}_1, ... \mathbf{x}_n$ die Klassenzugehörigkeiten $j_1, ..., j_n$ unabhängig als Realisation von $(j|\mathbf{x}_1), ..., (j|\mathbf{x}_n)$ beobachtet werden. Dabei können die $\mathbf{x}_i$ auch identisch sein ([34], S.312). Dieses Design findet man häufig bei der Untersuchung von Dosis-Wirkungsbeziehungen im medizinischen Bereich ([89], S.260).

---

[2]Außer den sogenannten logit-Transformationen ([64], S.6) sind andere Funktionsformen möglich: z.B. $probit(\pi(1|\mathbf{x})) = \Phi^{-1}(\pi(1|\mathbf{x}))$, wobei Φ^{-1} die Inverse der Standardnormalverteilung ist.

[3]Mit anderen Worten: Es kann eine Lernstichprobe gebildet werden.

Entscheidet man sich hingegen für eine Gesamtstichprobe (*mixture sampling*, [89], S.260f) so wird eine Zufallsstichprobe mit den beobachteten Werten $x_1, ..., x_n$ aus den J Gruppen gezogen und deren Klassenzugehörigkeiten bestimmt. Damit sind $(x_1, j_1), ..., (x_n, j_n)$ unabhängige Beobachtungen aus der gemeinsamen Verteilung $f(x, j)$ ([34], S.310, [7], S.171).

Bei dem nach Klassen geschichteten Stichproben-Design (*separate sampling*, [89], S.261) hingegen werden aus jeder Gruppe j ($j = 1, 2$) n_j Beobachtungen gezogen. Man erhält also die unabhängigen Stichprobenrealisationen aus der bedingten Verteilung $f(x|j)$. Der Gesamtstichprobenumfang ergibt sich hierbei als $n_1 + n_2 = n$.

Abhängig von der jeweiligen Stichprobensituation können verschiedene Likelihood-Funktionen gebildet werden, deren Maximierung zur Schätzung der wahren Parameter β_0 und β führt. Bei der bezüglich x geschichteten Stichprobe erhält man im 2-Gruppen-Fall:

$$L_X(\beta_0, \beta) = L_X = \prod_X \pi(1|x)^{n_1(X)} \pi(2|x)^{n_2(X)} \tag{4.10}$$

bzw. die Log-Likelihood nach Einsetzen von (4.5) mit

$$\log L_X(\beta_0, \beta) = l_X = \sum_X n_1(x)(\beta_0 + \beta x) - n(x) \log(1 + e^{\beta_0 + \beta x}). \tag{4.11}$$

Für den in Klassifizierungsproblemen weitaus relevanteren Fall einer Gesamtstichprobe ergibt sich:

$$L_G(\beta_0, \beta) = \prod_X f(x, 1)^{n_1(X)} f(x, 2)^{n_2(X)}. \tag{4.12}$$

Da $f(x, j) = \pi(j|x) f(x)$ gilt, läßt sich L_G mit Hilfe von L_X ausdrücken ([34], S.359, [2]):

$$L_G(\beta_0, \boldsymbol{\beta}) = L_{\mathbf{X}} \prod_{\mathbf{X}} f(\mathbf{x})^{n(\mathbf{X})}. \tag{4.13}$$

Bisher wurden nur Annahmen bezüglich der Funktionalform von $\pi(j|\mathbf{x})$ getroffen. Wenn $f(\mathbf{x})$ keine Informationen über die Parameter β_0 und $\boldsymbol{\beta}$ enthält, so kann man bei vorliegender Gesamtstichprobe den ML-Schätzer auch durch Maximierung von (4.10) erhalten.

Es läßt sich zeigen, daß selbst bei weiteren Kenntnissen bezüglich der Form der Klassenverteilung $f(\mathbf{x}|j)$, $j = 1, 2$, diese zusätzliche Information über β_0 und $\boldsymbol{\beta}$ in $\prod_{\mathbf{X}} f(\mathbf{x})^{n(\mathbf{X})}$ sehr gering ist im Vergleich zu der in $L_{\mathbf{X}}$ enthaltenen([7], S.173, [2]). Deshalb genügt es auch in diesem Fall, diese Funktion zu maximieren .

Für die nach Klassen geschichtete Stichprobe gilt schließlich die Likelihood-Funktion:

$$L_K(\beta_0, \boldsymbol{\beta}) = \prod_{\mathbf{X}} f(\mathbf{x}|1)^{n_1(\mathbf{X})} f(\mathbf{x}|2)^{n_2(\mathbf{X})}. \tag{4.14}$$

Auch hier läßt sich zeigen ([7], S.173f), daß – zumindest beim Vorliegen von diskreten Variablen – die Maximierung von $L_{\mathbf{X}}$ zur Konstruktion der ML-Schätzer $\hat{\boldsymbol{\beta}}$ ausreicht. An Stelle von β_0 wird hier allerdings $\beta_0^* + \log(\frac{n_1}{n_2})$ geschätzt. ([34], S.360).

4.2.1 Berechnung der ML-Schätzer

In allen genannten Stichprobensituationen muß also im 2-Gruppen-Fall letztendlich der Ausdruck (4.10) maximiert werden, um adäquate ML-Schätzer zu erhalten.

Als erste und zweite Ableitung von $l_{\mathbf{X}}$ lassen sich angeben:

$$\frac{\partial \log L_{\mathbf{X}}}{\partial \beta_0} = \sum_{\mathbf{X}} [n_1(\mathbf{x}) - n(\mathbf{x})\pi(1|\mathbf{x})] \tag{4.15}$$

$$\frac{\partial \log L_{\mathbf{X}}}{\partial \beta_p} = \sum_{\mathbf{x}} [n_1(\mathbf{x}) - n(\mathbf{x})\pi(1|\mathbf{x})]\mathbf{x}_p \quad p = 1, ..., P \qquad (4.16)$$

$$\frac{\partial^2 \log L_{\mathbf{X}}}{\partial \beta_p \beta_l} = -\sum_{\mathbf{x}} [n(\mathbf{x})\pi(1|\mathbf{x})\pi(2|\mathbf{x})]\mathbf{x}_p \mathbf{x}_l \quad p, l = 1, ..., P. \qquad (4.17)$$

Da die ersten Ableitungen nichtlinear in β_0 und β sind, kann man zur Lösung des Maximierungsproblems nur iterative Methoden verwenden ([64], S.10). Day und Kerridge ([25]) schlagen in diesem Zusammenhang das Newton-Raphson-Verfahren zur Errechnung der Schätzer vor.

Anderson ([7]) hingegen bevorzugt die Verwendung der Quasi-Newton-Methode, die den großen Vorteil der schnellen Konvergenz (in der Nähe des Optimums) bietet, und in jedem Iterationsschritt nur die ersten Ableitungen benötigt. Gleichzeitig erhält man bei diesem Verfahren am Optimum einen Schätzer für die Hesse-Matrix ([89], S.263). Die Inverse dieser geschätzten Informationsmatrix

$$\hat{I} = (-\frac{\partial^2 \log L_{\mathbf{X}}}{\partial \beta_p \beta_l}) \qquad (4.18)$$

ist dann ein Schätzer für die asymptotische Kovarianzmatrix der Parameter ([2]).

Eine weitere Möglichkeit zur Konstruktion von konsistenten ML-Schätzern ist die Anwendung des iterativen gewichteten Kleinste-Quadrate-Algorithmus ([64], S.10). Diese Methode wird z.B. im Statistikprogrammpaket SAS benutzt ([101], S.1088). Für eine genaue Beschreibung aller möglichen Verfahren sei auf Fahrmeir et al. ([34], S.267ff) verwiesen.

4.2.2   Existenz der Schätzer

Es gibt verschiedene Stichprobenkonstellationen, in denen das Maximum der Log-Likelihood $L_{\mathbf{X}}$ für endliche β_0 und β nicht existiert. Dieses soll im folgenden erläutert werden.

Albert und Lesaffre ([2]) unterscheiden dabei zwischen totaler Trennung (*complete seperation, lineare Separierbarkeit* [34]), quasi-totaler Trennung (*quasi-complete seperation, quasi-lineare Separierbarkeit*) und Überlappung (*overlap*) der Gruppen.

Eine totale Trennung des Stichprobenraumes liegt immer dann vor, wenn allen Beobachtungen die richtige Gruppe zugeordnet wird. Das heißt im 2-Gruppen-Fall insbesondere, daß $\hat{\beta}_0 + \hat{\boldsymbol{\beta}} \mathbf{x}_i \geq 0$ für alle Beobachtungen i ($i = 1, ..., n_1$), die aus der 1. Gruppe stammen, und $\hat{\beta}_0 + \hat{\boldsymbol{\beta}} \mathbf{x}_i < 0$ für alle Objekte i ($i = 1, ..., n_2$) aus Gruppe 2 gilt. Daraus folgt ([2]), daß keine endlichen ML-Schätzer $\hat{\beta}_0$, $\hat{\boldsymbol{\beta}}$ existieren und

$$\max_{\hat{\beta}_0, \boldsymbol{\beta}} \log L_{\mathbf{X}} = 0.$$

Man erkennt eine totale Trennung an der Divergenz des Iterationsverfahrens. In diesem Fall kann durch die Einführung eines Abbruchkriteriums der Optimierungsprozeß gestoppt werden, sobald eine Lösung (von unendlich vielen) für die ML-Schätzer gefunden wird, die allen Elementen die richtige Klasse zuordnet. Die erhaltenen Schätzer sind allerdings wenig zuverlässig ([34], S.361, [35], S.40).

Die quasi-totale Trennung läßt sich anhand von 2 Gruppen bei einer binären Variable gut erläutern.

Hat zum Beispiel die Variable $\mathbf{x}$ folgende Häufigkeitsverteilung bezüglich der Klassen 1 und 2:

Klasse\ $\mathbf{x}_i$	1	0
1	10	30
2	0	20

so streben die Schätzer gegen Unendlich. Die ML-Schätzer existieren also immer dann nicht, wenn in der zugrundeliegenden 2×2-Kontingenztafel eine Zelle nicht besetzt ist. Auch die quasi-totale Trennung impliziert eine Divergenz bei der iterativen Optimierung. Zur Erkennung dieser besonderen Stichprobenkonstellation schlagen Albert und Anderson ([1]) einen Algorithmus vor, der auch im Mehr-Gruppen-Fall Anwendung findet. Für eine ausführliche Diskussion sei auf Albert und Lesaffre ([2]) verwiesen.

Der Vollständigkeit halber sei noch die von Albert und Lesaffre ([2]) als „partial separation" bezeichnete Datenkonstellation erwähnt, bei der ebenfalls die ML-

Schätzer nicht existieren, aber weder totale noch quasi-totale Trennung vorliegt. Im 3-Gruppen-Fall liegt diese Art der Separation z.B. vor, wenn sich zwei Lernstichprobengruppen überlappen, die dritte Gruppe aber getrennt von den anderen beiden ist.

Zusammenfassend kann also gesagt werden, daß nur im Falle einer Überlappung der Datenpunkte aller Gruppen in der Stichprobe die ML-Schätzer von $L_{\mathbf{X}}$ existieren und eindeutig sind ([2]).

4.3　Variablenauswahl in der logistischen Regression

Wie bei der linearen Diskriminanzanalyse ist es auch im logistischen Regressionsmodell möglich, durch eine schrittweise Variablenauswahl die für die Trennung der Gruppen wichtigen Merkmale zu selektieren.

Auch hier unterscheidet man zwischen Vorwärtsselektion, Rückwärtsselektion und einer Kombination beider Verfahren. Da die Vorgehensweise ganz ähnlich der bei der LDA ist, wird im folgenden nur die Vorwärtsselektion näher erläutert.

Im ersten Schritt wird für jede einzelne Variable x_p ($p = 1, ..., P$) überprüft, ob diese signifikant in bezug auf die Gruppentrennung ist.

Dazu werden im 2-Gruppen-Fall P Maximum-Likelihood-Funktionen

$$L_{x_p} = \prod_{x_p} \pi(1|x_p)^{n_1(x_p)} \pi(2|x_p)^{n_2(x_p)} \tag{4.19}$$

mit

$$\pi(1|x_p) = \frac{e^{\beta_0 + \beta_p x_p}}{1 + e^{\beta_0 + \beta_p x_p}} \quad p = 1, ..., P \tag{4.20}$$

und $\pi(2|x_p)$ entsprechend, gebildet.

Außerdem benötigt man die Likelihood des Modells, in dem keine Variable als relevant erachtet wird, d.h. in (4.19) gilt:

$$\pi(1|(0)) = \frac{e^{\beta_0}}{1 + e^{\beta_0}}. \tag{4.21}$$

Nun werden alle $P + 1$ Log-Likelihood-Funktionen maximiert und verglichen.

Bezeichne M_p die maximalen Werte dieser Funktionen[4]. Dann wird diejenige Variable $x_{(1)}$ als wichtigste einzelne Variable ausgewählt, für die ([7], S.178f)

$$M_{(1)} \geq M_p \qquad \forall p = 1, ..., P. \tag{4.22}$$

Um zu testen, ob die ausgewählte Variable $x_{(1)}$ signifikant zur Trennung der Gruppen beiträgt, wird ein Likelihood-Quotiententest durchgeführt. Dabei sei

$$H_0 : \beta_{(1)} = 0 \quad \text{und} \quad H_1 : \beta_{(1)} \neq 0.$$

Die geeignete Prüfgröße

$$2 \log(\frac{M_{(1)}}{M_0})$$

ist dann asymptotisch χ^2-verteilt mit einem Freiheitsgrad ([64], S.31f). Kann H_0 bei einem vorgegebenen Signifikanzniveau nicht abgelehnt werden, dann wird keine Variable ins Modell aufgenommen und das Verfahren endet.

Ist $\beta_{(1)}$ jedoch signifikant von null verschieden, so wird $x_{(1)}$ endgültig als „beste" einzelne Variable für das Modell ausgewählt.

Im nächsten Schritt prüft man die verbleibenden $(P-1)$ Variablen auf ihre Eignung als klassentrennendes Merkmal zusätzlich zu $x_{(1)}$. Dabei werden wiederum die ML-Funktionen, die nun $x_{(1)}$ und jeweils eine zusätzliche Variable (die noch

---

[4]M_0 ist der Funktionswert des Modells ohne Variablen.

nicht ins Modell aufgenommen wurde) enthalten, und daraus der größte maximie-
rende Log-Likelihoodwert $M_{(2)}$ berechnet. Anschließend bildet man die Statistik

$$2\log\left(\frac{M_{(2)}}{M_{(1)}}\right)$$

um die Signifikanz des Modells zu prüfen. Je nach Ergebnis des Tests wird die
Variable dem Modell hinzugefügt oder das Verfahren endet.

Die Schritte werden mit den verbleibenden noch nicht aufgenommenen Variablen
solange wiederholt, bis entweder alle Variablen im Modell enthalten sind, oder in
einer Iteration der Log-Likelihood-Quotiententest nicht zur Ablehnung der H_0-
Hypothese führt.

4.4   Modellanpassung

Zur Beurteilung der Güte eines logistischen Regressionsmodells stehen eine Reihe von Maßen zur Verfügung, die u.a. von Hosmer und Lemeshow ([62], [63])
entwickelt wurden. Im folgenden wird ein mögliches Testverfahren für den 2-
Gruppen-Fall dargestellt ([64], S.140f, [2]).

Sei

H_0 : Das Modell paßt sich gut an die empirischen Daten an.
H_1 : Das Modell paßt sich nicht gut an die empirischen Daten an.

Zunächst werden die geschätzten Wahrscheinlichkeiten $\hat{\pi}(1|\mathbf{x}_i)$, $(i = 1, ..., n)$,
$(0 \leq \hat{\pi} \leq 1)$ in S möglichst gleich große, sich ausschließende Kategorien aufgeteilt.
In der ersten Kategorie werden die Elemente mit den niedrigsten, in der letzten
Kategorie die mit den höchsten geschätzten Wahrscheinlichkeiten eingeordnet.

Der sogenannte *Hosmer-Lemeshow*-Test beruht auf einem Vergleich der beobachteten mit den vorhergesagten Werten ([68], S.290):

$$HL = \sum_{s=1}^{S} \frac{(o_s - n_s\overline{\pi}_s)^2}{n_s\overline{\pi}_s(1 - \overline{\pi}_s)}, \tag{4.23}$$

mit

n_s : Gesamtanzahl der Elemente in der Kategorie s, $s = 1, ..., S$

o_s : beobachtete Anzahl der Elemente aus Klasse 1 in Kategorie s

$\bar{\pi}_s$: Mittelwert von $\hat{\pi}(1|\mathbf{x}_i)$ in der Kategorie s

HL ist approximativ χ^2 verteilt mit $(S - 2)$ Freiheitsgraden.

Weiterhin ist es von Vorteil, die geforderte Linearitätsannahme des angepaßten logistischen Modells zu prüfen (siehe Kapitel 4.1), um somit Fehlspezifikationen zu vermeiden, bzw. um festzustellen, ob die Variablen x_p $p = 1, ..., P$ auf einer für das Modell geeigneten Skala gemessen werden. Dafür werden in der Literatur oft graphische Verfahren verwendet.

So kann man zum Beispiel im 2-Gruppen-Fall bei stetigen Variablen diese entsprechend ihrer Ausprägungen gruppieren und die Intervallmitten gegen die Logit-Werte in einer Graphik auftragen. Dabei wird $\pi(1|x)$ durch den Anteil der Fälle, die im betrachteten Intervall zur Klasse 1 gehören, geschätzt. Bei einer guten Modellanpassung sollten die Logit-Werte annähernd auf einer Geraden liegen ([64], S.84f).

Ein anderer univariater Ansatz[5], der von Copas ([20]) entwickelt wurde, basiert auf geglätteten Log-Likelihood-Schätzern im Falle von stetigen (bzw. bei kleinem Stichprobenumfang auch diskreten) Variablen. Sei

$$\tilde{\pi}(1|x_l) = \frac{\sum\limits_{i=1}^{n} z_{1i}\Phi(h^{-1}(x_l - x_i))}{\sum\limits_{i=1}^{n} \Phi(h^{-1}(x_l - x_i))} \tag{4.24}$$

wobei

$$z_{1i} = \begin{cases} 1, & \text{wenn} \quad x_i \quad (i = 1, ..., n) \quad \text{aus der 1. Gruppe stammt} \\ 0 & sonst \end{cases}$$

und Φ die Standardnormalverteilungsdichte ist.

h bezeichnet eine geeignete Glättungskonstante ([89], S.271).

Das heißt, man berechnet für jedes Objekt x_l $\tilde{\pi}$ als Anteil der Beobachtungen der ersten Klasse, geglättet über alle möglichen Objekte. Wird nun $logit[\tilde{\pi}(1|x_l)]$

---

[5]Kay, Little ([71]) schlagen eine entsprechende Methode für den multivariaten Fall vor.

gegen x_l, $l = 1, ..., n$ in einer Graphik geplottet, so erhält man Informationen darüber, in welcher Form die Variable ins Modell aufgenommen werden sollte. Weisen die Werte des Plots keinen linearen Trend auf, so kann man evtl. durch geeignete Transformationen des Merkmals zu einer besseren Modellanpassung gelangen.

Kay und Little ([71]) zeigen, wie man mit Hilfe der Kenntnis über die Verteilung der Variablen das entsprechende Merkmal transformieren kann, um so zu einem geeigneten Modell zu gelangen.
Ist x normalverteilt mit unterschiedlichen Erwartungswerten und Varianzen in den Gruppen, so sollte zusätzlich zum Merkmal x der Ausdruck x^2 in das Modell aufgenommen werden. Bei vorliegender Gamma-Verteilung schlagen die Autoren die Verwendung von x und $\log x$ vor und im Falle der gruppenspezifischen Beta-Verteilung kommt man durch die Einführung von $\log x$ und $\log(1 - x)$ zu einem geeigneteren Modell.

Entdeckt man also mit Hilfe der graphischen univariaten Analyse in der Lernstichprobe Tendenzen bezüglich der genannten Verteilungsformen, so kann es lohnenswert sein, die entsprechenden Funktionsformen von x in das Modell aufzunehmen.

4.5 Fehlerraten in der logistischen Regression

In Kapitel 4.1 wurde bereits für den 2-Gruppen-Fall die optimale Zuordnungsregel eines Elements zur Gruppe 1 mit

$$\beta_0 + \boldsymbol{\beta}' \mathbf{x} \geq 0 \qquad (4.25)$$

angegeben. Schätzt man in (4.25) die Koeffizienten β_0 und $\boldsymbol{\beta}$ mit Hilfe der ML-Methode, so kann die sich daraus für das Objekt $\mathbf{x}_i$ ergebende Klassenzugehörigkeit mit der wahren Klasse verglichen werden. Wie in Kapitel 2.3 beschrieben erhält man z.B. als nicht-parametrischen Resubstitutionsschätzer

$$\hat{e}(e)_{RS} = \frac{1}{n} \sum_{i=1}^{n} 1[e(\mathbf{x}_i, \hat{\boldsymbol{\beta}}) \neq j_i] \quad j = 1, 2,$$

wobei $e(\mathbf{x}_i, \hat{\boldsymbol{\beta}})$ die durch (4.25) geschätzte Klassenzugehörigkeit bezeichnet ([89], S.272).

Der Teststichprobenschätzer und die Schätzer, die man durch Resampling-Methoden erhält, können wie in Kapitel 2.3 gezeigt, gebildet werden.

Eine andere Idee zur Schätzung eines alternativ definierten Vorhersagefehlers, die die Unsicherheit der Stichprobenbildung berücksichtigt, schlagen Stablein et al. ([105]) für den 2-Gruppen-Fall vor. Dabei wird die Stichprobenverteilung der geschätzten Koeffizienten $\hat{\beta}_0$ und $\hat{\boldsymbol{\beta}}$ benutzt, um ein Konfidenzintervall für den Diskriminanzwert

$$w = \hat{\beta}_0 + \hat{\boldsymbol{\beta}}' \mathbf{x}$$

zu bilden.

Es wird für die einzelnen Objekte überprüft, ob die untere bzw. obere Grenze des Konfidenzintervalls (noch) richtig klassifiziert ist. Somit kann die Gesamtfehlklassifikationsrate auf einem vorgegebenen Signifikanzniveau angegeben werden (nähere Ausführungen, siehe z.B. [2]).

Kapitel 5

CART

5.1 Historische Entwicklung

In den sechziger Jahren bereits begann mit Morgan und Sonquist ([90]) und Morgan und Messenger ([91]) die Einführung von Entscheidungsbaumverfahren zur Lösung von Klassifikationsproblemen. Mitte der achtziger Jahre entwickelten Quinlan ([95] [96]) und Breiman et al. ([19]) fast gleichzeitig sogenannte Rekursive Partitionsalgorithmen, die maßgeblich die Forschung im Bereich der künstlichen Intelligenz beeinflußten.

Sowohl das CART-Verfahren (Classification and regression trees) von Breiman et al. ([19]) als auch Quinlans ID3-Algorithmus ([95]) arbeiten mit baumstrukturierten Regeln zur Klassifikationsentscheidung, wobei die Lernstichprobe rekursiv mit Hilfe des Entscheidungsbaumes in Untermengen aufgeteilt wird ([89], S.325). Der CART-Algorithmus unterstützt dabei im Gegensatz zu ID3 nur rein binäre Entscheidungsbäume, d.h. die Aufteilung der Stichprobe erfolgt bei jedem Schritt des Verfahrens nur in jeweils zwei Teilmengen.

Im folgenden soll hier nur dieser Ansatz weiterverfolgt werden, da das CART-Verfahren, auch insbesondere durch ein von Breiman et al. zur Verfügung gestelltes, umfangreiches Softwarepaket (CART) die weiteste Verbreitung gefunden hat. Dieses zeigt sich vor allem in den zahlreichen Veröffentlichungen zur Anwendung des CART-Algorithmus in der medizinischen, physikalischen und chemischen Forschung[1] und im Bereich wirtschaftswissenschaftlicher Fragestellungen (z.B. im Marketing- oder Bankenbereich [40]).

CART ist ein verteilungsfreies Verfahren, d.h. zum Aufbau der Entscheidungsregeln müssen keine bekannten Klassenverteilungen vorausgesetzt werden.

5.2 Die Entscheidungsbaum-Terminologie

Zur Lösung des Klassifizierungsproblems wird beim CART-Verfahren ein Entscheidungsbaum entwickelt. Dabei teilt man die Lernstichprobe sukzessive in Teilstichproben auf. Jede am Ende des Teilungsprozesses entstandene Untermenge wird einer Klasse zugeordnet. Die Zerlegung wird dabei anhand der Merkmalsausprägung der einzelnen Variablen in Form von einfachen Ja-Nein-Fragen durchgeführt.

Ein mit Hilfe von CART erstellter Entscheidungsbaum besteht aus einem Wurzelknoten (Ursprungsknoten), mehreren Zwischenknoten und Endknoten. Ausgehend vom Wurzelknoten wird bei binären baumstrukturierten Verfahren der Merkmalsraum $\mathcal{X}$ in zwei Unterräume aufgeteilt. Durch die Aufteilung der Datenmenge entstehen aus einem Elternknoten die sogenannten Tochterknoten. Abbildung 5.1 zeigt einen solchen Entscheidungsbaum, wobei alle Zwischenknoten durch Kreise und alle Endknoten durch Quadrate dargestellt sind. Dabei sind die Elemente in den Tochterknoten disjunkte Teilmengen der jeweiligen Elemente im Elternknoten (z.B. $X_2 \cup X_3 = X_1$). Die Endknoten (hier: t_3, t_4, t_6 und t_7) bilden eine Zerlegung des Merkmalsraums $\mathcal{X}$ ([19], S.21).

In bezug auf das Klassifizierungsproblem enthält der Wurzelknoten also alle Elemente der Lernstichprobe $\mathcal{L}$. Durch die Zerlegung von $\mathcal{L}$ entstehen die Zwischen- und Endknoten, wobei jeder dieser Endknoten eindeutig einer Klasse zugeordnet wird (hier: z.B. t_4 wird Klasse 1 zugeordnet). Dabei können verschiedene Endknoten die gleiche Klassenzugehörigkeit haben (hier: t_3 und t_6 werden Klasse 2

---

[1]Siehe dazu z.B. Walden, Guttorp ([116], S.283).

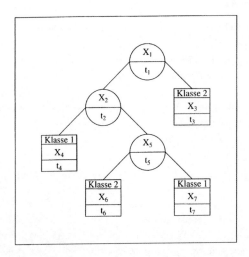

Abbildung 5.1: *Struktur eines beliebigen Entscheidungsbaums*

zugeordnet).

Der Entscheidungsbaum stellt in diesem Sinne eine Entscheidungsregel $e(\mathbf{x})$ zur Klassifizierung einer Stichprobe dar.

Die Entstehung des Baumes (der Entscheidungsregel) hängt nun ab von

- der Art der Aufteilung der Eltern- in Tochterknoten (Auswahl der Splits),

- der Entscheidung, einen Knoten als Endknoten zu deklarieren (oder weiter aufzuteilen),

- und der Bestimmung der Klassenzugehörigkeit der jeweiligen Endknoten ([19], S.22).

5.3   Das Trennkriterium

Bevor die Aufteilung der Knoten von Eltern- in Tochterknoten im Rahmen des CART-Verfahrens beschrieben wird, sollen zunächst einige grundlegende Notationen eingeführt werden.

Es sei n die Anzahl der Elemente in der Lernstichprobe $\mathcal{L}$. Dann bezeichnen $n(t)$ die Anzahl der Fälle aus $\mathcal{L}$ im Knoten t, $n_j(t)$ die Anzahl der Elemente aus der Klasse j ($j = 1, ..., J$) in t und n_j die Gesamtanzahl der Elemente aus j. Die a priori-Wahrscheinlichkeit $\pi(j)$ ist die Wahrscheinlichkeit, daß ein Fall aus Klasse j stammt.

Mit Hilfe dieser Notationen läßt sich die geschätzte Wahrscheinlichkeit $\widehat{P}(j, t)$, daß ein Element aus j stammt und im Knoten t vorkommt, als

$$\widehat{P}(j, t) = \widehat{\pi}(j)\frac{n_j(t)}{n_j} \tag{5.1}$$

berechnen. Die geschätzte Wahrscheinlichkeit, daß ein Element im Knoten t vertreten ist, ist dann durch $\widehat{P}(t) = \sum_j \widehat{P}(j, t)$ gegeben, und man erhält für die geschätzte bedingte Wahrscheinlichkeit $\widehat{P}(j|t)$ entsprechend[2]

$$\widehat{P}(j|t) = \frac{\widehat{P}(j, t)}{\widehat{P}(t)}. \tag{5.2}$$

Es stellt sich die Frage, wie die Aufteilung (der Split) von Eltern- in Tochterknoten erfolgen soll, um eine möglichst gute Trennung der Gruppen zu erzielen.

Betrachtet man die metrisch meßbare Variable x_p ($p \in \{1, ..., P\}$), so wird die Aufteilung der Elemente eines Knotens mittels einer Abfrage der Form

$$\{\text{Ist} \quad x_p \leq c?\} \qquad c \in (-\infty; \infty) \tag{5.3}$$

erreicht.

Der Wert von c wird dabei jeweils als Mittelwert zweier auf der Merkmalsskala benachbarter Ausprägungen von x_p berechnet ([19], S.30). Da die Anzahl der Merkmalsausprägungen in der Stichprobe endlich ist, gibt es für die Variable x_p maximal so viele mögliche Splits wie Ausprägungen.

---

[2]Wird $\widehat{\pi}(j)$ als Anteil der Elemente der Lernstichprobe, der aus j stammt, interpretiert ($\widehat{\pi}(j) = \frac{n_j}{n}$), so erhält man $\widehat{P}(j|t) = \frac{n_j(t)}{n(t)}$ als Anteil der Fälle aus j in t ([19], S.28).

Gilt (5.3), so wird das zugehörige Element dem linken Tochterknoten t_L, ansonsten dem rechten Tochterknoten t_R zugeordnet.

Bei einer kategorialen Variablen x_p mit den Ausprägungen $\{a_1, ..., a_M\}$ fragt man am Knoten t:

$$\{\text{Ist} \quad x_p \in S?\}. \tag{5.4}$$

wobei S eine Teilmenge von $\{a_1, ..., a_M\}$ ist.

Hier ist die mögliche Anzahl von Splits auf $2^{M-1} - 1$ beschränkt,[3] wenn die kategoriale Variable M verschiedene Ausprägungen besitzt ([19], S.30).

Weiterhin ist es möglich, bei quantitativen Merkmalen x_p Linearkombinationen von Variablen zur Aufteilung eines Knotens t zu bilden. Die Abfrage lautet hier:

$$\{\text{Ist} \quad \sum_{p=1}^{P} b_p x_p \leq c?\}. \tag{5.5}$$

Diese Alternative wird in Kapitel (5.7.2) näher erläutert.

5.3.1 Die Unreinheitsfunktion

Eine Aufgabe des CART-Algorithmus beim Aufbau des Entscheidungsbaumes besteht darin, die Aufteilung von Eltern- in Tochterknoten so vorzunehmen, daß die Gruppen möglichst gut getrennt werden. Dazu soll der „beste" Split für jede Variable und schließlich über alle Variablen an jedem Knoten gefunden werden. Dazu bedarf es einer Definition für den „besten" Split.

Die Güte der Trennregel für die Aufteilung der Knoten wird beim baumstrukturierten Algorithmus mit Hilfe des Grades der Homogenität der entstehenden Tochterknoten bezüglich der Klassenverteilung ermittelt.
Die Heterogenität eines Knotens basiert dabei auf einer sogenannten Unreinheitsfunktion Φ (*Impurity-Funktion*, [19], S.32).

---

[3]Inverse Splits (d.h. gleiche Aufteilungen werden einmal t_L und einmal t_R zugeordnet) zählen nur als eine Alternative.

Definition 4.1: Unreinheitsfunktion

Die Unreinheitsfunktion Φ wird auf der Menge aller J-Tupel der Anteile $(P_1, ..., P_J)$ mit $P_j \geq 0$, $j = 1, ..., J$ und $\sum_j P_j = 1$ definiert, wobei Φ die folgenden Eigenschaften besitzt:

(1) Φ nimmt ein Maximum nur am Punkt $(\frac{1}{J}, ..., \frac{1}{J})$ an.

(2) Φ wird minimal an den Punkten $(1, 0, ..., 0)$, $(0, 1, 0, ..., 0)$, ..., $(0, 0, ..., 1)$.

(3) Φ ist eine symmetrische Funktion der P_j $(j = 1, ..., J)$.

Am Knoten t ergibt sich mit Hilfe von Φ ein Maß für die Unreinheit $i(t)$ als

$$i(t) = \Phi(\hat{P}(1|t), ..., \hat{P}(J|t)). \qquad (5.6)$$

Die Unreinheit eines Knotens ist also dann maximal, wenn $\hat{P}(1|t) = ... = \hat{P}(J|t)$, d.h. die geschätzten bedingten Klassenwahrscheinlichkeiten für alle Klassen gleich sind. Ein Knoten ist hingegen nach (2) als „rein" zu bezeichnen, wenn er nur noch Elemente jeweils einer einzigen Klasse enthält.

Die Güte eines Splits s kann man nun an der durch ihn entstehenden Abnahme der Unreinheit vom Eltern- zum Tochterknoten messen.

Diese Abnahme der Unreinheit vom Knoten t zu den Knoten t_L und t_R läßt sich durch

$$\Delta i(s, t) = i(t) - \hat{P}_R \cdot i(t_R) - \hat{P}_L \cdot i(t_L) \qquad (5.7)$$

ausdrücken. Dabei bezeichnet $\hat{P}_R$ bzw. $\hat{P}_L$ den Anteil der Elemente, die durch s dem rechten bzw. linken Tochterknoten zugeordnet werden. Ziel ist es jetzt, den Split s_{opt} zu finden, der die Abnahme der Unreinheit maximiert.

Betrachtet man einen binären Entscheidungsbaum T und bezeichnet die Menge der Endknoten mit $\tilde{T}$, so läßt sich die Unreinheit des gesamten Baumes $I(T)$ wie folgt darstellen:

$$I(T) = \sum_{t \in \tilde{T}} i(t)\hat{P}(t). \qquad (5.8)$$

Es läßt sich leicht zeigen, daß die Minimierung von $I(T)$ und die Maximierung von $\Delta i(s, t)$ bezüglich der Auswahl der Splits zum gleichen Ergebnis führen ([19], S.32f).

5.3.2   Das Kriterium für den 2-Gruppen-Fall

Im 2-Gruppen-Fall ist ein mögliches Maß für die Unreinheit eines Knotens t

$$i(t) = \Phi(\widehat{P}(1|t), \widehat{P}(2|t)) := \widehat{P}(1|t)\widehat{P}(2|t). \tag{5.9}$$

Da $\widehat{P}(2|t) = (1 - \widehat{P}(1|t))$ läßt sich Φ auch als Funktion nur vor $\widehat{P}(1|t)$ schreiben:

$$\Phi(\widehat{P}(1|t)) = \widehat{P}(1|t)(1 - \widehat{P}(1|t)). \tag{5.10}$$

Diese Funktion gehört zu einer Klasse F von Funktionen $\Phi(P)$, $0 \leq P \leq 1$, mit stetiger 2. Ableitung auf $0 \leq P \leq 1$, die folgende Eigenschaften erfüllen ([19], S.100):

(1) $\Phi(0) = \Phi(1) = 0$

(2) $\Phi(P) = \Phi(1 - P)$

(3) $\frac{\partial \Phi^2}{\partial P} < 0, \qquad 0 < P < 1.$

$\Phi(P)$ entspricht damit den Forderungen, die in Kapitel 5.3.1 an die Unreinheitsfunktion Φ gestellt wurden.

Zusätzlich wird in (3) die Bedingung der strengen Konkavität von Φ eingeführt. Diese Bedingung stellt sicher, daß $\Phi(P)$ für $P > 0,5$ schneller als eine entsprechende lineare Funktion fällt, wenn P steigt.
Durch diese Eigenschaft werden reinere Knoten stärker „belohnt" als bei der Unterstellung einer linearen Funktion Φ (d.h. für reinere Knoten wird $i(t)$ kleiner als im linearen Fall)[4].

Die Charakteristik aller Funktionen aus F stellt weiterhin sicher, daß für jeden Split s und jeden Knoten t

$$\Delta i(s, t) \geq 0. \tag{5.11}$$

---

[4]Eine Möglichkeit, die Breiman et al. ausführlich diskutieren, ist die Fehlklassifikationsrate zur Definition von $i(t)$ heranzuziehen. Diese lineare Funktion in P führt aber zu sehr großen Problemen bei der Auswahl des besten Splits (bezüglich Degenerationen, Splits mit Unreinheit 0 und suboptimalen Splitfolgen) ([19], S. 94-98).

Die Unreinheit nimmt somit im Laufe des Knotenteilungsprozesses niemals zu. Dieses läßt sich leicht unter der Ausnutzung der strengen Konkavität von Φ zeigen ([19], S.126-127). Das Gleichheitszeichen in (5.11) gilt dabei genau dann, wenn $\widehat{P}(j|t_L) = \widehat{P}(j|t_R) = \widehat{P}(j|t)$, $j = 1, 2$.

Als letztes sei noch eine Eigenschaft aller Funktionen Φ erwähnt, die im Zusammenhang mit der Rechenintensität des Algorithmus bei kategorialen Variablen einen großen Vorteil mit sich bringt.

Zur Erläuterung dieses Vorzuges sei x eine kategoriale Variable mit den Ausprägungen $\{a_1, ..., a_M\}$.
Gesucht ist nun der Split s_{opt}, der $\Delta i(s, t)$ maximiert und damit eine (oder mehrere) Untermenge(n) $A_{opt} \subset \{a_1, ..., a_M\}$ erzeugt.

Sei $\widehat{P}(1|x = a_m)$ die geschätzte Wahrscheinlichkeit eines Elementes, an einem beliebigen Knoten t aus Klasse 1 zu stammen, gegeben, daß x die Ausprägung a_m annimmt.
Dann kann man diese Wahrscheinlichkeiten für alle m, $m = 1, ..., M$, berechnen und entsprechend ihrer numerischen Größe ordnen:

$$\widehat{P}(1|x = a_{m_1}) \leq \widehat{P}(1|x = a_{m_2}) \leq ... \leq \widehat{P}(1|x = a_{m_M}) \qquad (5.12)$$

Wenn Φ aus F ist, dann gilt, daß eine der M Untermengen $\{a_{m_1}, ..., a_{m_n}\}$ mit $n \in \{1, ..., M\}$ die Menge A_{opt} ist[5]. Anschaulich bedeutet dieses, daß der optimale Split s_{opt} alle Kategorien in einem Knoten zusammenfaßt, die eine hohe Wahrscheinlichkeit haben aus Klasse 1 zu stammen. Alle Kategorien, die eine geringe Wahrscheinlichkeit dafür haben, werden im anderen Knoten zusammengefaßt.
Damit reduziert sich die Suche nach s_{opt} von $2^{M-1} - 1$ auf M Untermengen A, was große Effizienzgewinne (besonders zeitlich) bei der Implementierung des Algorithmus mit sich bringt ([19], S.101ff).

5.3.3 Kriterien für den Mehr-Gruppen-Fall

Bei mehr als 2 Gruppen erhält man als ein mögliches Kriterium, das alle in *Definition 4.1* genannten Anforderungen an eine Unreinheitsfunktion Φ erfüllt,

---

[5]Den Beweis für die letzte Aussage findet man bei Breiman [19], S.274-278.

den sogenannten Gini-Diversity-Index ([19], S.103):

$$i(t) = \sum\sum_{i \neq j} \hat{P}(j|t)\hat{P}(i|t) = 1 - \sum_j \hat{P}^2(j|t). \tag{5.13}$$

Für den 2-Gruppen-Fall erhält man somit $i(t) = 2\hat{P}(1|t)\hat{P}(2|t)$. Bis auf den konstanten Faktor entspricht das Kriterium dem aus Kapitel 5.3.2, Gleichung (5.9).

Das Gini-Kriterium läßt sich am Knoten t als geschätztes Varianzmaß interpretieren ([83], [19], S.104). Weist man allen Elementen im Knoten t den Wert 1 zu, wenn sie aus der Klasse j stammen und anderenfalls den Wert 0 , so ergibt sich als Stichprobenvarianz dieser Werte $\hat{P}(j|t)(1 - \hat{P}(j|t))$. Durch Wiederholung dieses Vorgehens für alle J Klassen und Summierung der Ergebnisse resultiert

$$\sum_j \hat{P}(j|t)(1 - \hat{P}(j|t)) = 1 - \sum_j \hat{P}^2(j|t). \tag{5.14}$$

Andererseits kann man den Index auch als geschätzte Wahrscheinlichkeit des Fehlers der Klassifikation interpretieren:
Ein zufällig ausgewähltes Element stammt mit geschätzter Wahrscheinlichkeit $\hat{P}(i|t)$ aus Klasse i. Die geschätzte Wahrscheinlichkeit, daß das Element eigentlich aus Klasse j stammt, ist $\hat{P}(j|t)$. Damit ergibt

$$i(t) = \sum\sum_{i \neq j} \hat{P}(j|t)\hat{P}(i|t) \tag{5.15}$$

die gesamte geschätzte Fehlklassifikationswahrscheinlichkeit am Knoten t ([19], S.104).

Ein weiteres mögliches Kriterium zur Auswahl der besten Splits im Mehr-Gruppen-Fall ist das Twoing-Kriterium.

Die Idee hierbei ist, die Menge aller J Klassen $C = \{1, ..., J\}$ in zwei Superklassen C_1, C_2 einzuteilen ([19], S.105) und für diese beiden Klassen wieder das 2-Gruppen-Kriterium $\hat{P}(1|t)\hat{P}(2|t)$ zur Auswahl der besten Splits anzuwenden. Konkret bedeutet dies, man sucht zunächst für jedes C_1 den Split $s_{opt}(C_1)$, für den gilt

$$\max_s \Delta i(s, t, C_1) \tag{5.16}$$

und anschließend die Superklasse $C_{1,opt}$ für die

$$\max_{C_1} \Delta i(s_{opt}(C_1), t, C_1) \qquad (5.17)$$

gilt.

Nun gibt es bei J Klassen 2^{J-1} verschiedene Einteilungen der Menge C in zwei Superklassen, was eine sehr hohe Rechenintensität des Verfahrens zur Folge hat.

Breiman et al. ([19], S.107ff) zeigen aber, daß sich die Effizienz des Verfahrens durch Einführung der Twoing-Funktion $\Phi(s,t)$[6] erheblich verbessern läßt:

$$\Phi(s,t) = \frac{\hat{P}_L \hat{P}_R}{4} [\sum_j |\hat{P}(j|t_L) - \hat{P}(j|t_R)|]^2. \qquad (5.18)$$

Durch Maximierung von $\Phi(s,t)$ über alle Splits s findet man nun den besten Split $s_{opt}(C_{1,opt})$, wobei sich $C_{1,opt}$ als

$$C_{1,opt} = \{j : \hat{P}(j|t_{L,opt}) \geq \hat{P}(j|t_{R,opt})\} \qquad (5.19)$$

ergibt[7]. $t_{L,opt}$ bzw. $t_{R,opt}$ stellen dabei die Tochterknoten dar, die man durch Bildung von s_{opt} erhält.

Anschaulich wird durch die Anwendung des Twoing-Kriteriums die Menge aller Klassen C so in zwei Teilmengen C_1 und C_2 zerlegt, daß beide Klassen einander möglichst unähnlich sind.

Beim Vergleich von Twoing- und Gini-Kriterium erkennt man, daß s_{opt} bei Verwendung von Twoing aus $\Phi(s,t)$ direkt bestimmbar ist. Das Gini-Kriterium hingegen ist lediglich ein Maß für die Unreinheit des Knotens t, und der Split s_{opt} wird erst durch die maximale Abnahme der Unreinheit $\Delta i(s,t)$ festgelegt.

Breiman et al. ([19], S.111) untersuchen empirisch bei verschiedenen Datensätzen die Unterschiede des Baumaufbaus bei Anwendung des Gini- bzw. des Twoing-Kriteriums. Es läßt sich dabei ganz allgemein feststellen, daß die Ergebnisse kaum unterschiedlich sind. Bei einigen ihrer Untersuchungen kommen Breiman et al.

---

[6]Die Twoing-Funktion ist unabhängig von C_1.

[7]Ein Beweis für die oben dargestellte Vorgehensweise findet sich bei Breiman et al.([19], S.127f).

allerdings zu dem Ergebnis, daß die mit dem Gini-Index generierten Splits die
Datenmenge eher in einen großen unreinen und einen kleinen reinen Knoten auf-
teilt, während aus dem Twoing-Kriterium tendenziell gleich große Datenmengen
in den Tochterknoten resultieren.

5.4   Die optimale Baumgröße

Bei der Konstruktion des Entscheidungsbaums stellt sich die Frage nach der optimalen Struktur des Baumes, d.h. man möchte festlegen, wann ein Knoten als
Endknoten zu deklarieren ist.

Hierbei bietet es sich an, die geschätzte Fehlklassifikationsrate als Beurteilungs-
kriterium für die Güte des Entscheidungsbaums heranzuziehen.

Wie in Kapitel 2.3 beschrieben, läßt sich die geschätzte Fehlerrate der Entscheidungsregel beispielsweise durch den Resubstitutionsschätzer

$$\hat{e}(e)_{RS} = \frac{1}{n} \sum_{i=1}^{n} 1[(e(x_i) \neq j_i] \tag{5.20}$$

bestimmen.

Weist man jedem Endknoten $t \in \tilde{T}$ des Entscheidungsbaums eine bestimmte
Klasse zu und bezeichnet diese Klassenzugehörigkeit mit j_t ($j_t \in \{1, ..., J\}$), so
ergibt sich der Resubstitutionsschätzer am Knoten t als Anteil der fehlklassifizierten Elemente mit

$$\hat{r}_{RS}(t) = \sum_{j \neq j_t} \hat{P}(j|t). \tag{5.21}$$

Den Resubstitutionsschätzer für die gesamte Fehlklassifikationsrate eines Baumes
erhält man aus

$$\hat{R}_{RS}(T) = \sum_{t \in \tilde{T}} \hat{R}_{RS}(t) = \sum_{t \in \tilde{T}} \hat{r}_{RS}(t)\hat{P}(t), \tag{5.22}$$

wobei $\hat{P}(t)$ die geschätzte Wahrscheinlichkeit, daß ein Element am Knoten t vertreten ist, darstellt ([19], S.34-35).

Wird nur der Resubstitutionsschätzer $\hat{R}_{RS}(T)$ zur Beurteilung der Güte des Baumes benutzt, so erhält man den besten Entscheidungsbaum, indem man das Aufteilen von Eltern- in Tochterknoten so lange fortsetzt, bis in jedem Knoten nur noch eine Klasse j vertreten ist bzw. jeder Knoten nur noch ein Element enthält und somit $\hat{R}_{RS}(T)$ gleich null ist.

Wird das Ergebnis allerdings mit einer unabhängigen Teststichprobe überprüft, so stellt man sicherlich fest, daß die wahre Fehlklassifikationsrate sehr viel höher ist. Es tritt also der Effekt des „overfitting" ein. Als Konsequenz daraus muß das Baumwachstum früher abgebrochen werden, um diesen Effekt zu vermeiden.

Zur Bestimmung der optimalen Baumgröße schlagen Breiman et al. ([19], S.66f) deshalb vor, einen hinreichend großen Anfangsbaum T_{max} zu spezifizieren und diesen so zu kürzen, daß ein Baum entsteht, der möglichst optimal in bezug auf die tatsächliche Fehlerrate ist.

5.4.1 Das Kosten-Komplexitätsmaß

Zunächst wird ein Baum T_{max} mit Hilfe der Split-Regeln erzeugt, der möglichst groß ist, d.h. jeder Endknoten enthält nur noch Elemente einer Klasse, nur identische Meßvektoren oder nur noch sehr wenige Elemente[8]. Aus diesem Initialbaum T_{max} wird nun eine Folge von Unterbäumen

$$T_{max}, T_1, T_2, ... \{t_W\}$$

erzeugt. $\{t_W\}$ bezeichne dabei den Wurzelknoten von T_{max}. Aus dieser Folge von Bäumen soll später der optimale Baum ausgewählt werden.

Das Vorgehen, mit Hilfe dessen man diese Folge von Bäumen erhält, soll im folgenden erläutert werden.

Bezeichnet man die Anzahl der Endknoten eines Unterbaumes T, der in T_{max} enthalten ist ($T \preceq T_{max}$), als Komplexität $|\tilde{T}|$ von T, dann läßt sich durch

$$\hat{R}_\alpha(T) = \hat{R}_{RS}(T) + \alpha|\tilde{T}| \tag{5.23}$$

---

[8]Breiman et al. ([19], S.63) geben als „sehr wenig" 5 Elemente bzw. 1 Element an.

ein Komplexitätsmaß für den Unterbaum T definieren. Dabei wird $\alpha \geq 0$, $\alpha \in I\!R$, als Komplexitätsparameter bezeichnet.

Anschaulich gesprochen wird bei diesem Maß zum Resubstitutionsschätzer $\hat{R}_{RS}(T)$ eine „Kosten-Strafe" für die Komplexität (d.h. die Anzahl der Endknoten) des jeweiligen Unterbaums addiert ([19], S.66). Die Höhe der gesamten „Strafe" richtet sich nach der Größe von α.

Es soll nun für jedes α der Unterbaum $T(\alpha) \preceq T_{max}$ gefunden werden, der $\hat{R}_\alpha(T)$ minimiert

$$\hat{R}_\alpha(T(\alpha)) = \min_{T \preceq T_{max}} \hat{R}_\alpha(T). \tag{5.24}$$

Ist $\alpha = 0$, so wird T_{max} der Baum sein, der $\hat{R}_0(T)$ minimiert. Wächst α an, so wird durch die „Strafe" für die Anzahl der Endknoten bald ein Unterbaum mit weniger Endknoten als T_{max} der minimierende Unterbaum T_α sein. Ist α groß genug, so ist $T(\alpha)$ der Wurzelknoten $\{t_W\}$, und T_{max} ist bis an die „Wurzel zurückgeschnitten" ([19], S.66).

Breiman et al. ([19], S.67) führen eine weitere Bedingung für das Komplexitätsmaß der folgenden Art ein:

$$\hat{R}_\alpha(T) = \hat{R}_\alpha(T(\alpha)) \quad \Longrightarrow \quad T(\alpha) \preceq T. \tag{5.25}$$

Damit wird sichergestellt, daß beim Auftreten von gleichen Kostenkomplexitäten der kleinste Baum als Minimierer von $\hat{R}_\alpha$ gewählt wird.
Weiterhin zeigen die Autoren ([19], S.284ff), daß für jeden Wert von α ein kleinster minimierender Unterbaum existiert.

Obwohl α unendlich viele Werte annehmen kann, resultiert nur eine endliche Folge von Unterbäumen aus den Gleichungen (5.24) und (5.23).

Die erzeugte minimierende Folge von Unterbäumen besitzt die Eigenschaft:

$$T_1 \succ T_2 \succ \dots \succ \{t_W\}. \tag{5.26}$$

Dabei bedeutet $T_1 \succ T_2$, daß T_2 in T_1 enthalten ist.

Da nun eine direkte Suche über alle möglichen Teilbäume einen übermäßigen Rechenaufwand bedeutet, wird statt dessen ein sogenannter „Weakest-Link" - Algorithmus benutzt, der diese Suche stark vereinfacht ([18], S.68ff).

5.4.2   Der Weakest-Link-Algorithmus

Zu Beginn wird der Baum T_{max} so weit gekürzt, daß der entstehende Baum T_1 der kleinste Unterbaum ist, der $\hat{R}_{RS}(T_1) = \hat{R}_{RS}(T_{max})$ erfüllt[9].

Für einen am Knoten t beginnenden Zweig T_t sei

$$\hat{R}_{RS}(T_t) = \sum_{t' \in \tilde{T}_t} \hat{R}_{RS}(t'), \qquad (5.27)$$

wobei $\tilde{T}_t$ die Endknoten von T_t sind.

Im Baum T_1 wird nun an jedem Knoten t überprüft, ob der von diesem Knoten ausgehende Zweig T_t gekürzt werden sollte. Dazu wird das Komplexitätsmaß des ungekürzten Zweiges $\hat{R}_\alpha(T_t)$ mit dem des gekürzten Zweiges $\hat{R}_\alpha(\{t\})$ verglichen. Es gilt:

$$\hat{R}_\alpha(\{t\}) = \hat{R}_{RS}(t) + \alpha$$
$$\text{und} \qquad \hat{R}_\alpha(T_t) = \hat{R}_{RS}(T_t) + \alpha|\tilde{T}_t| \qquad (5.28)$$
$$\text{wobei} \qquad \hat{R}_{RS}(t) > \hat{R}_{RS}(T_t).$$

Ist α sehr klein, so gilt $\hat{R}_\alpha(\{t\}) > \hat{R}_\alpha(T_t)$. Läßt man den Komplexitätsparameter α langsam anwachsen, so kommt man irgendwann zu einem Punkt, an dem $\hat{R}_\alpha(\{t\}) = \hat{R}_\alpha(T_t)$ ist. Von da ab wird es günstiger, den Zweig T_t zu kürzen, so daß alleine der Knoten t verbleibt. Für α gilt an diesem Punkt:

$$\alpha^* = \frac{\hat{R}_{RS}(t) - \hat{R}_{RS}(T_t)}{|\tilde{T}_t| - 1}. \qquad (5.29)$$

Für jeden Zweig von T_1 wird nun dieser kritische α^*-Punkt bestimmt und der Baum T_1 an der Stelle gekürzt, an der dieser kritische Wert von α minimal ist. Das heißt, es wird derjenige Zweig T_t^* abgeschnitten, bei dem bei wachsendem α zuerst $\hat{R}_\alpha(\{t\}) = \hat{R}_t(T_t^*)$ gilt.

Durch Abschneiden des Zweiges T_t^* entsteht nun der neue Baum $T_2 = T_1 - T_t^*$ mit $T_2 \prec T_1$, und es wird wiederum der „Weakest-Link"-Zweig und das zugehörige

---

[9]Seien t_R, t_L zwei beliebige Knoten, die aus dem Split von t entstehen. Da $\hat{R}_{RS}(t) \geq \hat{R}_{RS}(t_L) + \hat{R}_{RS}(t_R)$ gilt, wird also immer dann gekürzt, wenn $\hat{R}_{RS}(t) = \hat{R}_{RS}(t_L) + \hat{R}_{RS}(t_R)$.

kritische α^* im Baum T_2 bestimmt.

So wird weiter fortgefahren, bis eine Folge von Unterbäumen mit

$$T_1 \succ T_2 \succ ... \succ \{t_W\} \tag{5.30}$$

entsteht.

Gleichzeitig erhält man somit eine Folge von $\{\alpha_k\}$ mit $\alpha_1 = 0$ und $\alpha_k < \alpha_{k+1}$ ($k \geq 1$) für die

$$T(\alpha) = T(\alpha_k) = T_k \quad \text{für} \quad \alpha_k \leq \alpha < \alpha_{k+1} \tag{5.31}$$

([19], S.71, [89], S.327) gilt.

Es entsteht also eine Folge von Bäumen abnehmender Komplexität, wobei in jedem Intervall $[\alpha_k; \alpha_{k+1})$ der Baum T_k der optimale ist.

5.5   Auswahl des optimalen Teilbaumes

Aus der Folge von Bäumen soll derjenige mit der optimalen Struktur ausgewählt werden. Orientiert man sich bei der Auswahl an der tatsächlichen Fehlerrate, so führt dies zunächst zum Problem der Schätzung von $\epsilon(e)$ (siehe Kapitel 2.3, Gleichung (2.15)). Wird die Resubstitutionsmethode zur Schätzung der Fehlerrate verwendet, d.h. es wird derjenige Teilbaum $T_{k,opt}$ gewählt, für den $\hat{R}_{RS}(T_k)$ minimal ist, so ist immer der Baum T_1 optimal, da

$$\hat{R}_{RS}(T_1) = \min_k \hat{R}_{RS}(T_k) \tag{5.32}$$

gilt. Aufgrund der in Kapitel 2.3 erwähnten Eigenschaften ist dieser Schätzer jedoch stark verzerrt, d.h. zu optimistisch. Deshalb wird zur Schätzung der wahren Fehlklassifikationsrate der Teststichproben- oder der Cross-Validation-Schätzer herangezogen ([19], S.72, [89], S.328).

5.5.1   Der Teststichprobenschätzer

Bei der Anwendung des Teststichprobenschätzers wird die gesamte Lernstichprobe $\mathcal{L}$ zufällig in zwei Teile zerlegt. $\mathcal{L}_1$ bezeichne dann die neue Lernstichprobe und $\mathcal{L}_2$ die Teststichprobe.

Die Folge $T_1 \succ T_2 \succ ... \succ \{t_W\}$ wird nun unter Zugrundelegung der Stichprobe $\mathcal{L}_1$ erstellt. Anschließend berechnet man für jeden Baum T_k der Folge mit Hilfe von $\mathcal{L}_2$ den Teststichprobenschätzer $\hat{R}_{TS}(T_k)$.

Sei n_{2j} die Anzahl der Elemente der Klasse j in der Teststichprobe und n_{2ij} die Anzahl der Elemente, die aus Klasse j stammen, aber durch den Baum T_k der Klasse i zugeordnet werden. Dann ergibt sich für den Teststichprobenschätzer der Klasse j ($j = 1,...,J$):

$$\hat{R}_{TS}(j) = \sum_{i \neq j} \frac{n_{2ij}}{n_{2j}} \tag{5.33}$$

und für den Schätzer des gesamten Baumes T_k:

$$\hat{R}_{TS}(T_k) = \sum \sum_{i \neq j} \frac{n_{2ij}}{n_{2j}} \hat{\pi}(j), \tag{5.34}$$

wobei $\hat{\pi}(j)$ die geschätzte a priori-Wahrscheinlichkeit der Klasse j ist. Werden die $\hat{\pi}(j)$ aus den Klassenanteilen in der Teststichprobe geschätzt ($\hat{\pi}(j) = \frac{n_{2j}}{n_2}$), so erhält man

$$\hat{R}_{TS}(T_k) = \frac{1}{n_2} \sum \sum_{i \neq j} n_{2ij}. \tag{5.35}$$

Das heißt, der Teststichprobenschätzer gibt den Anteil der durch den Baum fehlklassifizierten Elemente der Teststichprobe an ([19], S.74).

Es wird nun $\hat{R}_{TS}(T_k)$ für jeden Baum T_k berechnet und derjenige Baum $T_{k,opt}$ ausgewählt, für den

$$\hat{R}_{TS}(T_{k,opt}) = \min_k \hat{R}_{TS}(T_k) \tag{5.36}$$

gilt.

5.5.2 Der Cross-Validation-Schätzer

Für kleine Stichprobenumfänge der Lernstichprobe $\mathcal{L}$ ist der Teststichprobenschätzer wenig geeignet, da hier nur ein kleiner Teil von $\mathcal{L}$ zum Aufbau der Baumfolge zur Verfügung steht und dadurch ein Teil der gesamten Dateninformation nicht genutzt wird. In diesem Fall kommt der Cross-Validation-Schätzer (CV-Schätzer) zur Anwendung.

Dabei wird die Lernstichprobe $\mathcal{L}$ zufällig in V Unterstichproben $\mathcal{L}_v$, $v = 1, ..., V$ möglichst gleicher Größe aufgeteilt. So erhält man V Lernstichproben der folgenden Art:

$$\mathcal{L}^{(v)} = \mathcal{L} - \mathcal{L}_v \qquad v = 1, ..., V, \qquad (5.37)$$

wobei für jede Lernstichprobe $\mathcal{L}^{(v)}$ $\mathcal{L}_v$ die zugehörige Teststichprobe darstellt (siehe auch Kapitel 2.3). Jedes Element aus $\mathcal{L}$ kommt also genau in einer der Teststichproben vor ([19], S.76, [61], S.76).

Nun wird sowohl aus $\mathcal{L}$ als auch aus jedem $\mathcal{L}^{(v)}$ eine Folge von kostenminimalen Unterbäumen, wie bereits beschrieben, erzeugt. Man erhält also $V + 1$ Baumsequenzen:

$$T_1^{(1)} \succ T_2^{(1)} \succ ... \succ \{t_1\}^{(1)}$$
$$\vdots \qquad \vdots$$
$$T_1^{(V)} \succ T_2^{(V)} \succ ... \succ \{t_1\}^{(V)} \qquad (5.38)$$
$$T_1 \succ T_2 \succ ... \succ \{t_1\}$$

Ist V groß, so werden die CV-Bäume, d.h. die durch $\mathcal{L}^{(v)}$ gebildeten Bäume $T^{(v)}(\alpha)$, ungefähr die gleiche Klassifikationsgenauigkeit wie der durch $\mathcal{L}$ gebildete Baum $T(\alpha)$ haben. Deshalb berechnet sich der Cross-Validation-Schätzer für ein festes α als

$$\hat{R}_{CV}(T(\alpha)) = \sum_{i \neq j} \sum \frac{n_{ij}}{n_j} \hat{\pi}(j), \qquad (5.39)$$

wobei $n_{ij} = \sum_v n_{ij}^{(v)}$. Dabei ist $n_{ij}^{(v)}$ die Anzahl der Klasse j-Fälle aus $\mathcal{L}_v$, die durch $T^{(v)}(\alpha)$ als Klasse i klassifiziert werden.

Für ein festes α wird somit in jeder CV-Baumfolge der optimale Baum bei diesem α gesucht, und mit der zugehörigen Teststichprobe werden schließlich die Fehlklassifikationshäufigkeiten ermittelt. Aus dem Anteil der durch alle (für dieses α optimalen) CV-Bäume fehlklassifizierten Elemente ergibt sich unter Berücksichtigung der a priori-Wahrscheinlichkeiten der CV-Schätzer.

Um den optimalen Baum $T_{k,opt}$ zu selektieren, nutzt man aus, daß für die Folge von Bäumen, die man aus $\mathcal{L}$ erhält, der beste Baum für $\alpha_k \leq \alpha < \alpha_{k+1}$ gleich T_k ist.

Man berechnet nun $\alpha_k' = \sqrt{\alpha_k \alpha_{k+1}}$, den geometrischen Mittelpunkt des Intervalls um α, und ermittelt daraus den entsprechenden Cross-Validation-Schätzer $\hat{R}_{CV}(T'(\alpha_k')) = \hat{R}_{CV}(T_k)$, wie oben beschrieben. Der optimale Baum $T_{k,opt}$ ergibt sich dann als

$$\hat{R}_{CV}(T_{k,opt}) = \min_k \hat{R}_{CV}(T_k). \tag{5.40}$$

Die Genauigkeit des Schätzers $\hat{R}_{CV}(T_{k,opt})$ hängt von der Anzahl der Unterstichproben V ab. Je kleiner die Stichprobengröße in den einzelnen Unterstichproben, um so mehr wird die Fehlklassifikationsrate überschätzt. Der Schätzer ist also verzerrt mit positivem Bias ([61], S.948-949).

5.5.3 Die 1-Standardfehler-Regel

In ihren Untersuchungen haben Breiman et al. ([19], S.78f) eine Auffälligkeit in bezug auf den Teststichproben- bzw. CV-Schätzer festgestellt.

Werden die jeweiligen Schätzwerte von $\hat{R}_{TS}(T_k)$ bzw. $\hat{R}_{CV}(T_k)$ in Abhängigkeit der Anzahl der Endknoten $|\tilde{T}_k|$ graphisch dargestellt, so kann man häufig beobachten, daß mit steigender Anzahl der Endknoten die Schätzwerte zunächst schnell abnehmen, danach in einem großem Bereich relativ konstant sind, und schließlich allmählich wieder ansteigen.

Das Minimum von $\hat{R}(T_k)$ befindet sich also irgendwo im mittleren Bereich, in welchem diese Schätzwerte bis auf einen Standardfehler von ± 1 alle ungefähr gleich groß sind ([19], S.78f).

Um nun den einfachsten Baum dieses Bereichs – ohne großen Genauigkeitsverlust – auszuwählen, lautet die Regel zur Auswahl des besten Baums:

Wähle den Baum $T_{k1,opt}$, für den gerade noch gilt:

$$\hat{R}_{TS}(T_{k1,opt}) \leq \hat{R}_{TS}(T_{k,opt}) + SF_{TS}(\hat{R}_{TS}(T_{k,opt})) \tag{5.41}$$

bzw.

$$\hat{R}_{CV}(T_{k1,opt}) \leq \hat{R}_{CV}(T_{k,opt}) + SF_{CV}(\hat{R}_{CV}(T_{k,opt})). \tag{5.42}$$

Dabei bezeichne SF_{TS} bzw. SF_{CV} den Standardfehler des Teststichprobenschätzers und des CV-Schätzers.

Die Regel wählt also den Baum mit der kleinsten Anzahl an Endknoten aus, der innerhalb eines Intervalls der Standardabweichung von $\widehat{R}(T_{k,opt})$ – des bisher optimalen Baums $T_{k,opt}$ – liegt. (5.41) bzw. (5.42) wird als 1-Standardfehler-Regel bezeichnet.

Diese 1-Standardfehler-Regel ist nur heuristischer Art, so daß auch jedes beliebige Vielfache des Standardfehlers SF zum jeweiligen Schätzer $\widehat{R}_{TS}(T_{k,opt})$ bzw. $\widehat{R}_{CV}(T_{k,opt})$ addiert werden kann.

5.6   Bestimmung der Klassenzugehörigkeit der Endknoten

Um die Klassenzugehörigkeit eines beliebigen zu klassifizierenden Elementes mit Hilfe des Entscheidungsbaums zu bestimmen, ist zunächst jedem Endknoten $t \in \tilde{T}$ eine Klasse j_t zuzuweisen. Wird ein Element dann durch die Splitfolgen dem entsprechenden Endknoten zugeordnet, so ist dessen Klassenzugehörigkeit die geschätzte Klassenzugehörigkeit des Elementes.

Dabei wird t derjenigen Klasse zugeordnet, bei der der Anteil der Fehlklassifikationen der Lernstichprobenelemente im Knoten am geringsten ist. Das heißt gleichzeitig, einem Endknoten wird die Klasse j_t zugewiesen, wenn

$$\max_j \widehat{P}(j|t) = \widehat{P}(j_t|t). \qquad (5.43)$$

Damit entspricht diese Zuordnungsregel an jedem Endknoten der Bayes-Regel (siehe Kapitel 2.1, Ungleichung (2.4)), wobei die a posteriori-Wahrscheinlichkeiten durch $\widehat{P}(j|t)$ $j = 1, ..., J$ geschätzt werden ([89], S.326).

Man erhält als Resubstitutionsschätzer am Knoten t somit ([19], S.34):

$$\widehat{r}_{RS}(t) = 1 - \max_j \widehat{P}(j|t). \qquad (5.44)$$

In den Kapiteln 5.3 bis 5.6 ist die vollständige Konstruktion eines CART-Entscheidungsbaumes zur Klassifizierung von Elementen beschrieben worden, wobei sowohl ein Kriterium zur Aufteilung der Knoten als auch die optimale Baumstruktur und die Klassenzugehörigkeit der Endknoten festgelegt wurde. Im folgenden sollen noch einige Besonderheiten des CART-Verfahrens aufgezeigt werden.

5.7   Besonderheiten des CART-Verfahrens

5.7.1   Variable Fehlklassifikationskosten

Beim CART-Verfahren können variable Fehlklassifikationskosten (siehe Kapitel 2.2) ohne weitere Schwierigkeiten in den Klassifikationsalgorithmus einbezogen werden.

Seien

$$C(i|j) \geq 0 \qquad i \neq j$$
$$C(i|j) = 0 \qquad i = j$$

die Kosten dafür, ein Element aus der Klasse j fälschlicherweise als Element aus i zu klassifizieren. Bezieht man diese Kosten in den Gini-Index (Gleichung 5.13) ein, so erhält man

$$i(t) = \sum_i \sum_j C(i|j)\widehat{P}(i|t)\widehat{P}(j|t) \tag{5.45}$$

als Maß für die Unreinheit am Knoten t ([19], S.113).

Zum Aufbau des Baumes benötigt man entweder den Teststichproben- oder den CV-Schätzer. Unter Einbeziehung variabler Fehlklassifikationskosten ergibt sich

$$\widehat{R}_{TS}(T_k) = \sum_i \sum_j \frac{n_{2ij}}{n_{2j}} C(i|j)\widehat{\pi}(j) \tag{5.46}$$

als Teststichprobenschätzer des Baumes T_k und

$$\widehat{R}_{CV}(T(\alpha)) = \sum_i \sum_j \frac{n_{ij}}{n_j} C(i|j)\widehat{\pi}(j) \tag{5.47}$$

als Cross-Validation-Schätzer des Baumes $T(\alpha)$ ([19], S.74-76).

Zur Bestimmung der Klassenzugehörigkeit der Endknoten mit variablen Fehlklassifikationskosten lassen sich die geschätzten erwarteten Kosten am Knoten t
als

$$\sum_j C(i|j)\widehat{P}(j|t) \tag{5.48}$$

darstellen.

Einem Endknoten wird nun diejenige Klasse i_t zugeordnet, für die (5.48) minimal
ist.

5.7.2 Kombinationen von Variablen

Bei der Verwendung des CART-Verfahrens wurde bisher davon ausgegangen, daß
die Aufteilung des Elternknotens in die Tochterknoten anhand einer einzelnen
Variable vorgenommen wird. Das bedeutet anschaulich, daß der Merkmalsraum
$\mathcal{X}$ parallel zu den Koordinatenachsen aufgeteilt wird. Nun kann es beim Vorliegen
bestimmter Datenstrukturen vorkommen, daß man bessere Ergebnisse erzielt,
wenn die Einteilung des Raums durch beliebige Hyperebenen erfolgt.

In diesem Fall sollte man lineare Kombinationen der Variablen in der Form

$$\sum b_p x_p \leq c \qquad \text{mit} \quad \|b\|_2 = \sum_p b_p^2 = 1, \quad p = 1, ..., P \tag{5.49}$$

zur Aufteilung des Merkmalsraumes (respektive der Knoten) benutzen, da der
Split nach einer einzelnen Variable evtl. einen unnötig großen, unübersichtlichen
Baum erzeugt (siehe [107], S.104).

Bei der Verwendung von Linearkombinationen obiger Form wird also am Knoten
t nach dem besten Split s_{opt} in Abhängigkeit der besten Koeffizienten b_{opt} gesucht,
der die Abnahme der Unreinheit

$$\Delta i(s_{opt}(b_{opt}), t) = \max_b \Delta i(s_{opt}(b), t) \tag{5.50}$$

maximiert ([19], S.132).

Da die Anzahl der in Frage kommenden Linearkombinationen bei komplizierten
Datenstrukturen außerordentlich hoch ist, schlagen Breiman et al. ([19], S.133)
zur Implementation[10] einen Suchalgorithmus vor, der durch sukzessives Entfer-
nen von Variablen aus der Linearkombination versucht, diese Kombinationen
möglichst einfach zu strukturieren und dabei möglichst wenig Informationsverlust
in Kauf zu nehmen. Dabei werden die erhaltenen Linearkombinationen mit den
univariaten Splits verglichen und nur dann zur Aufteilung der Knoten herangezogen, wenn die durch sie bedingte Abnahme der Unreinheit wirklich vorteilhaft
ist ([107], S.108 , [19], S.135).

Nachteile der Verwendung von Linearkombinationen ergeben sich aus der relativ
– im Vergleich mit der univariaten Variablenauswahl – schlechten Interpretierbarkeit der erhaltenen Klassifikationsbäume und der Erhöhung der Rechenzeit[11].
Außerdem sind die erhaltenen Ergebnisse nicht mehr invariant bezüglich monoto-
ner Transformationen der Variablen. Als letztes sei erwähnt, daß die Anwendung
auf stetige Variablen beschränkt ist. Kategoriale Variablen müssen vorher binär
kodiert werden ([107], S.107).

Zusammenfassend kann festgestellt werden, daß vor der Bildung von Linearkombinationen die Datenstruktur sorgfältig geprüft werden sollte und nur bei vermu-
teten linearen Zusammenhängen[12] der Variablen auf die Linearkombinationsbil-
dung zurückzugreifen ist.

5.7.3   Die Verwendung von Ersatzsplits

Ein wichtiges Element bei der Klassifikationsanalyse mit dem CART-Algorithmus
ist die Berechnung von sogenannten Ersatzsplits (*surrogate-splits*, [19], S.140-
142).

---

[10]Nähere Erläuterungen finden sich bei Breiman et al. ([19], S.171ff).

[11]Steinberg und Colla ([107], S.109) geben an, daß sich die Rechenzeit mehr als versechsfachen
kann.

[12]Wird bei der Verwendung von univariaten Splits immer wieder nach einer Variable an verschiedenen Stellen des Baumes gesplittet, so kann das ein Hinweis auf eine lineare Datenstruktur
sein ([107], S.117).

Ein Ersatzsplit s_{sur} ist derjenige Split, der den optimalen Split s_{opt} am besten nachbildet. Das heißt, es wird derjenige Split gesucht, der möglichst genau die gleichen Elemente vom Elternknoten in den rechten bzw. linken Tochterknoten schickt wie der optimale Split.

Zur Bestimmung des Ersatzsplits s_{sur} wird für jeden möglichen Split s_p bezüglich der Variablen x_p am Knoten t bestimmt, welche Elemente dem rechten bzw. linken Tochterknoten zugeordnet werden. Anschließend wird die Schnittmenge derjenigen Elemente gesucht, die sowohl durch den Split s_p als auch durch den Split s_{opt} dem gleichen Tochterknoten zugeordnet werden. Daraus läßt sich die geschätzte Wahrscheinlichkeit angeben, daß der Split s_p den optimalen Split s_{opt} nachbildet ([19], S. 141). Derjenige Split, für den diese Wahrscheinlichkeit am größten ist, wird Ersatzsplit s_{sur} genannt.

Um die Güte eines Ersatzsplits zu beurteilen, entwickeln Breiman et al. ([19], S.141) ein Assoziationsmaß λ zwischen s_{opt} und s_{sur}.
Dazu wird angenommen, daß s_{opt} die Elemente aus t mit geschätzter Wahrscheinlichkeit $\hat{P}_L$ in den linken und mit $\hat{P}_R$ in den rechten Knoten schickt. Möchte man nun vorhersagen, ob ein neues Element dem linken oder dem rechten Tochterknoten zugeordnet wird, und nimmt man an, daß $\hat{P}_L > \hat{P}_R$ (bzw. $\hat{P}_L < \hat{P}_R$), so lautet eine einfache Regel:

Ordne dieses Element dem Knoten t_L (bzw. t_r) zu.

Die geschätzte Wahrscheinlichkeit für einen Vorhersagefehler bei Anwendung dieser Regel ist dann $\hat{P}_R$ (bzw. $\hat{P}_L$).

Die Fehlerrate eines guten Ersatzsplits s_{sur} sollte nun möglichst geringer als $\hat{P}_R$ (bzw. $\hat{P}_L$) sein. Das Assoziationsmaß λ ($\lambda \leq 1$) mißt dazu die relative Verringerung der geschätzten Fehlerwahrscheinlichkeit durch Anwendung von s_{sur} im Vergleich mit der einfachen Regel. Nur wenn $\lambda > 0$ gilt, ist die Angabe eines Ersatzsplits sinnvoll ([19], S.142).

Im folgenden soll die Verwendung von Ersatzsplits im Rahmen des CART-Verfahrens näher erläutert werden.

5.7.3.1 Fehlende Merkmalswerte

Ein großes Problem in der Klassifikationsanalyse stellt die Behandlung von fehlenden Merkmalswerten bei einigen Elementen dar. Viele Klassifikationsstandardverfahren (wie z.B. die Diskriminanzanalyse) bieten wenig Möglichkeiten, Elemente mit fehlenden Werten in die Analyse einzubeziehen, so daß häufig auf diese Elemente gänzlich verzichtet wird und somit die Informationsbasis im Datensatz u.U. stark reduziert wird ([67], S.72f).

CART hingegen kann sowohl beim Aufbau des Baumes als auch bei der Klassifizierung von neuen Elementen mit Hilfe der Ersatzsplits fehlende Merkmalswerte in die Analyse integrieren.

Dabei wird der beste Split $s_{p,opt}$ einer Variablen x_p mit Hilfe aller Fälle berechnet, für die ein Merkmalswert vorhanden ist. Anschließend wird der Split s_{opt} ausgewählt, der die Abnahme der Unreinheit $\Delta i(s_{p,opt}, t)$ maximiert. Ist s_{opt} für einige Fälle aufgrund fehlender Werte nicht definiert, so daß die Zuordnung dieser Elemente zu den Tochterknoten nicht vorgenommen werden kann, wird aus allen vorhandenen Variablen dieser Elemente der Ersatzsplit s_{sur} gesucht, der das höchste Assoziationsmaß λ besitzt. Die Elemente mit fehlenden Werten werden dann durch s_{sur} dem Tochterknoten zugeordnet ([19], S.142).

Diese Vorgehensweise ist insofern vorteilhaft, als das ein Element mit fehlenden Werten, das durch die beschriebene Art und Weise in den Tochterknoten gelangt, klassifiziert werden kann ([19], S.143).

Bei der Anwendung dieses sogenannten *Missing-Value*-Algorithmus ist jedoch zu beachten, daß die verwendeten Ersatzsplits nicht optimal im Sinne der Abnahme der Unreinheit sind. Das kann bei vielen fehlenden Merkmalswerten in einem Datensatz sicherlich problematisch sein. In diesem Fall können evtl. auch nur wenige geeignete Ersatzsplits gefunden werden, die ein Assoziationsmaß $\lambda > 0$ aufweisen.

5.7.3.2 Die Variablenwichtigkeit

Um herauszufinden, welche Variablen innerhalb eines Klassifikationsproblems wirklich wichtig für die Analyse sind, ist es wünschenswert, ein Maß für die Trennschärfe der einzelnen Merkmale anzugeben.

Breiman et al. ([19], S. 147) definieren ein solches Maß für das CART-Verfahren, das sich auf die Abnahme der Unreinheit eines Knotens durch die Anwendung eines Ersatzsplits bezieht, als

$$T(x_p) = \sum_{t \in T} \Delta I(s_{p,sur}, t) := \sum_{t \in T} \Delta i(s_{p,sur}, t) \hat{P}(t). \tag{5.51}$$

$T(x_p)$ ist dabei die Wichtigkeit der Variable x_p, die sich aus der Summe der Abnahme der Baumunreinheit an jedem Knoten t bezüglich des Ersatzsplits $s_{sur,p}$ ergibt. Das heißt, an jedem Knoten des optimalen Baums wird das Unreinheitsmaß ΔI berechnet, wenn x_p die Splitvariable ist.

Um daraus eine Rangliste der trennschärfsten Merkmale zu erhalten, wird die relative Wichtigkeit einer Variablen im Verhältnis zur wichtigsten Variable berechnet, d.h.

$$\frac{T(x_p)}{\max_p T(x_p)}. \tag{5.52}$$

Breiman et al. ([19], S.147) begründen die Wahl ihres Trennschärfe-Maßes mit dessen Fähigkeit sogenannte *verdeckte* („maskierte") Variablen aufzuspüren.

Eine Variable x_{p1} kann im optimalen Baum niemals eine Splitvariable und dennoch sehr trennscharf sein. Das ist z.B. der Fall, wenn eine andere Variable x_{p2}, die als optimale Variable – bezüglich der Abnahme der Unreinheit – für einen Split ausgewählt wird, den Effekt von x_{p1} verdeckt. Entfernt man x_{p2} aus der Analyse, so wird plötzlich x_{p1} als Splitvariable ausgewählt. Es wäre also falsch, die Wichtigkeit der Variablen nur nach dem Kriterium, ob eine Variable als Splitvariable fungiert, zu beurteilen.

Die Güte des Trennschärfe-Maßes wird bei Breiman et al. ([19], S.148-150) an verschiedenen Simulationsbeispielen getestet und liefert durchgehend zufriedenstellende Ergebnisse. Dennoch hängt die erhaltene Rangliste der wichtigen Variablen sehr stark von Zufallsschwankungen im Datenmaterial ab. Steinberg und Colla ([107], S.124-128) schlagen weitere – eher intuitive – Maße zur Trennschärfebeurteilung der Variablen vor, die allerdings wenig theoretisch fundiert erscheinen.

5.7.4 Klassenwahrscheinlichkeitsbäume und Regressionsbäume

In einigen praktischen Fragestellungen interessiert nicht so sehr die Zuordnung neuer Elemente zu den vorgegebenen Gruppen, als vielmehr die Wahrscheinlichkeit, daß ein Element zu einer bestimmten Klasse gehört[13]. Innerhalb von CART kann diese Wahrscheinlichkeit mit Hilfe von sogenannten Klassenwahrscheinlichkeitsbäumen geschätzt werden. Dabei wird die Fehlklassifikationsrate an jedem Knoten als mittlerer quadratischer Fehler zwischen einer binären Indikatorvariablen für jede Klasse und der geschätzten Wahrscheinlichkeit für diese Klasse innerhalb des Knotens berechnet ([107], S. 99). Breiman et al. ([19], S.124) zeigen, daß dieses Maß gerade gleich dem Gini-Index ist. Somit wird beim Abschneiden des maximalen Baumes auf seine optimale Größe anstatt der Inner-Knoten-Fehlklassifikationsrate der Gini-Index verwendet ([107], S. 99, [19], S.124).

Die Ergebnisse, die Breiman et al. ([19], S.126) anhand von Simulationsbeispielen mit diesen Klassenwahrscheinlichkeitsbäumen erzielen, stellen keine wesentliche Verbesserung in bezug auf die Verringerung des Fehlers gegenüber der herkömmlichen Methode dar. Steinberg und Colla ([107], S. 103) schlagen vor, dieses Verfahren nur bei großen Stichprobenumfängen zu verwenden, so daß die Ergebnisse auf einer genügend großen Anzahl von Elementen basieren.

Als weitere Besonderheit bietet CART die Durchführung von Regressionsanalysen mit baumstrukturierten Ergebnissen an. Im Rahmen dieser Arbeit sei diese Möglichkeit nur kurz erwähnt[14], da in der Regressionsanalyse anders als bei Klassifikationsproblemen die abhängige Variable als stetig angenommen wird.

---

[13]Als Beispiel nennen Breiman et al. ([19], S. 121) die medizinische Diagnose, bei der es wünschenswert sein kann, für einen Patienten die Wahrscheinlichkeit anzugeben, daß er eine von mehreren möglichen Krankheiten hat, ohne die anderen gänzlich ausschließen zu wollen.

[14]Für die ausführliche Beschreibung des Aufbaus eines Regressionsbaums siehe Breiman et al. ([19], Kap.8).

Bei der CART-Analyse wird in diesem Zusammenhang an jedem Knoten der Mittelwert der abhängigen Variable errechnet und die Varianz innerhalb des Knotens als Gütemaß für die Anpassung des Modells benutzt. Am entstandenen Regressionsbaum lassen sich so an den Endknoten die vorhergesagten Werte des abhängigen Merkmals anhand des Knotenmittelwerts ablesen.

Regressionsbäume sind im allgemeinen größer und haben mehr Endknoten als Klassifikationsbäume, da die abhängige Variable stetig ist ([107], S.162).

5.8 Ansätze zur Verbesserung des CART-Verfahrens

Ende der achtziger Jahre versuchten verschiedene Autoren den CART-Ansatz von Breiman et al. weiterzuentwickeln, um so einerseits zu genaueren Fehlerschätzungen zu gelangen und andererseits den Algorithmus effektiver (z.B. in bezug auf die Rechenintensität) zu gestalten.

Crawford ([23]) diskutiert z.B. die Verwendung des $0,632$-Bootstrap-Schätzers als Alternative zur Cross-Validation-Schätzung bei der Auswahl des Entscheidungsbaums. Quinlan ([96]) versucht hingegen eine Vereinfachung mit Hilfe von alternativen Definitionen des Komplexitätsmaßes zu erzielen.

Einen weiteren interessanten Versuch zur Verbesserung der Lösung des Klassifikationsproblems mit baumstrukturierten Algorithmen, der im folgenden kurz beschrieben werden soll, bieten Loh und Vanichsetakul ([84]).

Die von Loh et al. ([84]) entwickelte FACT-Methode (Fast Classification Trees) stellt ganz allgemein einen Kombinationsversuch des CART-Verfahrens und der klassischen linearen Diskriminanzanalyse dar. Dabei sollen die Vorteile beider Methoden, d.h. die (Rechen-) Schnelligkeit der linearen Diskriminanzanalyse und die Anschaulichkeit von CART, in einem einzigen Algorithmus zusammengefaßt werden.

Zunächst wird hierbei ein Entscheidungsbaum erstellt, bei dem an jedem Knoten die in ihm enthaltenen Elemente durch lineare Diskriminanzfunktionen so in Teilmengen zerlegt werden, daß die Anzahl der entstehenden Tochterknoten der Klassenanzahl entspricht. Um dabei zu vermeiden, daß die geschätzten Kovarianzmatrizen singulär sind, wird vorher eine Hauptkomponentenanalyse auf Basis der geschätzten Korrelationsmatrix durchgeführt.

Die linearen Diskriminanzfunktionen werden dann, anstatt mit den Originalvariablen, mit Hilfe derjenigen Hauptkomponenten berechnet, deren Eigenwerte mehr als β mal größer als der größte Eigenwert sind (Loh et al. [84] erachten für β einen Wert von $0,05$ als sinnvoll).

Um nun einen univariaten Split (wie im CART-Algorithmus beschrieben) zu erzeugen, wird für jede Variable ein F-Wert als Verhältnis von Zwischengruppen- zu Innergruppen-Streuung berechnet. Ist dieser Wert für mindestens eine Variable größer als ein vorgegebener Wert F_0 (Loh et al. [84] schlagen hier den Wert $F_0 > 4$ vor), so erfolgt der Split nach der Variablen mit dem größten F-Wert durch eine lineare Diskriminanzfunktion. Erfüllt keine der Variablen die Bedingung für F_0, so werden die Variablen durch ihren absoluten Abstand zum Knotenmittelwert ersetzt und die F-Werte auf Basis der neuen Variablen berechnet (siehe auch [89], S. 329).

Schließlich wird das Baumwachstum mit Hilfe einer direkten Stopp-Regel beendet, und zwar wenn der Resubstitutionsschätzer beim Aufteilen von Elternknoten in die Tochterknoten nicht mehr geringer wird oder wenn ein Knoten nur noch Elemente einer Klasse enthält.

Im folgenden sollen einige von Loh et al. [84] herausgearbeitete markante Unterschiede von CART und FACT näher beleuchtet werden, wobei auch der Kommentar von Breiman und Friedman zu dieser Veröffentlichung ([18]) in die Diskussion einbezogen wird.

Beim CART-Verfahren wird zunächst ein maximaler Baum gebildet, und erst durch „Abschneiden" einiger Zweige erhält man den Baum mit der optimalen Größe. Loh et al. favorisieren hingegen, wie oben erwähnt eine direkte Stopp-Regel zur Bestimmung des besten Baums. Dabei wird aber ein evtl. zu früher Abbruch des Baumwachstums auf Kosten der Genauigkeit in Kauf genommen.

Breiman und Friedman ([18]) kritisieren diese Stopp-Regel als eine Art ad hoc-Regel, wobei darauf hingewiesen wird, daß mit Hilfe solcher Regeln bei einigen Datensätzen mit bestimmten Strukturen durchaus gute Ergebnisse erzielt werden können, bei anderen Datenkonstellationen die Regel aber versagt.

Im Gegensatz zum CART-Algorithmus, der nur binäre Splits erlaubt, ist beim FACT-Verfahren die Aufteilung von Eltern- in Tochterknoten durch multiple Splits möglich. Dadurch wird die „Tiefe" des Entscheidungsbaums erheblich eingeschränkt und die Informationen sind durch weniger Bedingungen kompakter dargestellt. Einfache Ja-Nein-Fragen an jedem Knoten existieren in diesem Fall aber nicht mehr. Breiman und Friedman ([18]) verweisen in diesem Zusammenhang auf Friedman ([39]), der in seinem Artikel bemerkt, daß „multiway splitting does not make as effective use of the conditional information potentially present in the tree as does binary splits" (siehe auch [18]).

Loh et al. ([84]) erachten weiterhin die CV-Schätzer, die im CART-Verfahren verwendet werden, als fragwürdig, da diese sowohl zur Fehlerratenschätzung als auch zur Baumkonstruktion benutzt werden. Die Hauptkritikpunkte sind hierbei, daß die Cross-Validation-Schätzung zu einer zufallsbedingten Lösung des Klassifikationsproblems führen kann (wenn nicht die loo-Methode gewählt wird) und sehr rechenintensiv ist. Im FACT-Algorithmus wird deshalb auf die CV-Schätzer bei der Baumkonstruktion verzichtet.
Breiman und Friedman ([18]) schätzen allerdings den relativen Zufallseffekt als sehr gering ein und argumentieren weiter, daß die duale Rolle des Cross-Validation kein Nachteil des Verfahrens sei, wie sich anhand vieler ihrer Simulationsexperimente herausgestellt hat.

Einen großen Vorzug bietet FACT in bezug auf die schnellen Rechenzeiten besonders bei großen Datensätzen. Breiman und Friedman ([18]) erachten allerdings diesen Vorteil als relativ unwichtig im Vergleich zur Genauigkeit und guten Interpretierbarkeit eines Klassifikationsverfahrens. In diesem Zusammenhang kritisieren die Autoren auch die Testbeispiele von Loh et al.([84]) dahingehend, daß diese Datensätze eine klassische lineare Struktur besitzen und derartige Probleme mit traditionellen Klassifikationsverfahren (lineare Diskriminanzanalyse) relativ gut gelöst werden können. Der große Vorteil von CART liegt jedoch im Umgang mit komplexeren Datenstrukturen.

Kapitel 6

Monte-Carlo-Simulationen zur Bestimmung des Vorhersagefehlers

6.1 Die Beispiele

Es soll zunächst anhand von drei künstlich erzeugten Datensätzen die Schätzung der Fehlerraten mit Hilfe des CART-Verfahrens, der linearen Diskriminanzanalyse und der logistischen Regression durchgeführt und diskutiert werden.

Der Vorteil dieser künstlich generierten Beispiele liegt darin, daß hier aufgrund der bekannten zugrundeliegenden Verteilungen der Elemente in der Grundgesamtheit die Bayes-Fehlklassifikationsrate errechnet werden kann, und so die „Leistung" von CART, LDA und LR mit der optimal möglichen „Leistung" bezüglich der Größe des Fehlers verglichen werden kann.

Die im folgenden kurz beschriebenen Datensätze enthalten jeweils 2 Klassen und 20 Variablen[1].

---

[1]Zur Beschreibung der Datensätze siehe auch Breiman ([17]).

Ringnorm

Die Stichproben für beide Klassen wurden aus multivariaten Normalverteilungen
gezogen, wobei

$$\mathbf{X}_1 \sim NV(\mathbf{0}, 4\mathbf{I}) \qquad \text{mit } \mathbf{I}: \text{Einheitsmatrix}$$

$$\mathbf{X}_2 \sim NV(\mathbf{a}, \mathbf{I}) \qquad \text{mit } \mathbf{a}' = (\tfrac{1}{\sqrt{20}}, ..., \tfrac{1}{\sqrt{20}}).$$

Die Bayes-Fehlklassifikationsrate beträgt $1,3\%$. Lägen keine 20-dimensionalen,
sondern nur 2-dimensionale Zufallsvariablen vor, so könnte man sich die Verteilung wie in Abbildung 6.1 dargestellt vorstellen.

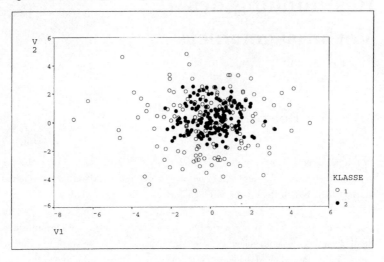

Abbildung 6.1: _Ringnorm_

Twonorm

Im zweiten Datensatz entstammen die erzeugten Stichprobenelemente der ersten Klasse einer multivariaten Normalverteilung mit Erwartungswertvektor $\mathbf{a}' =$
$(\tfrac{2}{\sqrt{20}}, ..., \tfrac{2}{\sqrt{20}})$ und Einheitskovarianzmatrix $\mathbf{I}$:

$X_1 \sim NV(a, I)$ mit $a' = (\frac{2}{\sqrt{20}}, ..., \frac{2}{\sqrt{20}})$.

Für die zweite Klasse wurde der Erwartungswertvektor $-a$ und wiederum die Einheitskovarianzmatrix unterstellt:

$X_2 \sim NV(-a, I)$.

Die Bayes-Rate beträgt $2,3\%$. Abbildung 6.2 veranschaulicht beispielhaft die Verteilung der ersten beiden Komponenten von X_1 und X_2.

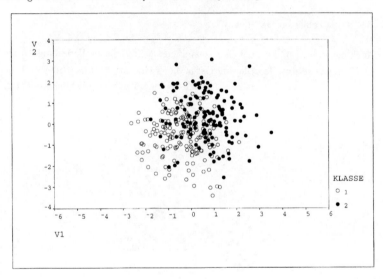

Abbildung 6.2: *Twonorm*

Threenorm

In diesem Beispiel soll angenommen werden, daß die Beobachtungen der Klasse 1 mit gleichen Wahrscheinlichkeiten aus einer multivariaten Normalverteilung mit Erwartung $a' = (\frac{2}{\sqrt{20}}, ..., \frac{2}{\sqrt{20}})$ bzw. mit Erwartungswertvektor $-a' = (-\frac{2}{\sqrt{20}}, ..., -\frac{2}{\sqrt{20}})$ gezogen wurden:

$$\mathbf{X}_{11} \sim NV(\mathbf{a}, \mathbf{I}) \qquad \text{mit } \mathbf{a}' = (\tfrac{2}{\sqrt{20}}, ..., \tfrac{2}{\sqrt{20}})$$

$$\mathbf{X}_{12} \sim NV(-\mathbf{a}, \mathbf{I}).$$

Die Elemente der zweiten Klasse hingegen stammen aus einer multivariaten Normalverteilung mit Erwartungswertvektor $\mathbf{b}' = (\tfrac{2}{\sqrt{20}}, -\tfrac{2}{\sqrt{20}}, \tfrac{2}{\sqrt{20}}, ..., -\tfrac{2}{\sqrt{20}})$ und wiederum der Einheitskovarianzmatrix $\mathbf{I}$:

$$\mathbf{X}_2 \sim NV(\mathbf{b}, \mathbf{I}).$$

Der Bayes-Fehler beträgt hier $10,5\%$.

Auch hier soll Abbildung 6.3 eine Vorstellung der räumlichen Verteilung der Beobachtungen vermitteln. Allerdings ist in dieser Graphik ein Erwartungswert von $\mathbf{a}' = (1, 5, 1, 5)$ bzw. $\mathbf{b} = (1, 5, -1, 5)$ zur besseren Veranschaulichung der Struktur der Daten unterstellt worden.

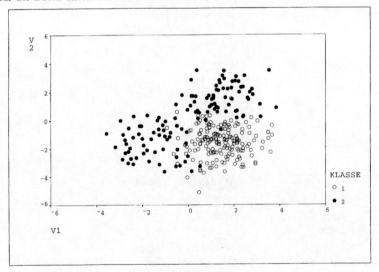

Abbildung 6.3: *Threenorm*

Wie aus den Abbildungen 6.1 bis 6.3 ersichtlich, führen die Beispieldatensätze zu sehr unterschiedlichen optimalen Trenngrenzen zwischen den Gruppen. Ein Vergleich der Fehlerraten, die aus den unterschiedlichen Klassifikationsverfahren resultieren, kann somit Hinweise auf die Leistungsfähigkeit der Methoden bei unterschiedlichen Datenstrukturen geben.

Die Stichproben wurden mit Hilfe des Statistikpakets SAS/IML erzeugt. In Anhang A.1, S.190ff befinden sich die entsprechenden Programme.

Zur Feststellung der Höhe des Vorhersagefehlers bei CART, LDA und LR wurden zunächst für jedes der drei Beispiele 10 Lernstichproben mit jeweils 300 und 10 Teststichproben mit jeweils 200 Beobachtungen zufällig generiert. Dabei sind in jeder Stichprobe die beiden Klassen ungefähr gleichhäufig (entsprechend der Zufallsauswahl) vertreten.

6.2 Schätzung der Fehlerraten

Zum Aufbau des Klassifizierungsmodells wurden für LDA, LR und CART die Standardeinstellungen der jeweiligen Statistikprogrammpakete gewählt[2]. So entwickelt man in SAS[3] mit den Prozeduren PROC DISCRIM und PROC LOGISTIC ein diskriminanzanalytisches bzw. logistisches Modell mit Hilfe aller angegebenen Variablen. Die CART-Software bietet die Erstellung eines kompletten Klassifikationsbaumes aus einem angegebenen Datensatz. Zur Auswahl des optimalen Baumes wird standardmäßig der CV-Schätzer mit $V = 10$ Unterstichproben (10-facher CV-Schätzer) zugrundegelegt und dabei die 1-Standardfehler-Regel gewählt ([107], S.9). Die a priori-Wahrscheinlichkeiten werden bei allen 3 Verfahren als $\hat{\pi}(1) = \hat{\pi}(2) = 1/2$ angenommen.

Zur Bestimmung des Vorhersagefehlers werden nun aus den 10 Lernstichproben 10 Klassifikationsmodelle jeweils mit Hilfe von LDA, LR und CART gebildet. Durch die Klassifizierung dieser Lernstichproben erhält man somit für jedes Verfahren die Resubstitutionsschätzer $\hat{c}_{RS}$. Die Werte für den Teststichprobenschätzer $\hat{c}_{TS}$

---

[2]Siehe [100], S.360ff, [101], S.1072ff und [107], S.11ff.
[3]Version 6.10.

ergeben sich aus dem Anteil der fehlklassifizierten Elemente der Teststichproben, wenn man diese durch die 10 gebildeten Modelle einer der beiden Klassen zuordnet. Die Programmbeschreibung für alle drei Verfahren befindet sich in Anhang A.2, S.192f.

6.2.1　Ergebnisse: *Ringnorm*

Im *Ringnorm*-Beispiel ergeben sich die prozentualen Fehlerraten $\hat{\epsilon}_{RS}$ wie in Abbildung 6.4 dargestellt. Es fällt sofort auf, daß CART im Vergleich zu den bei-

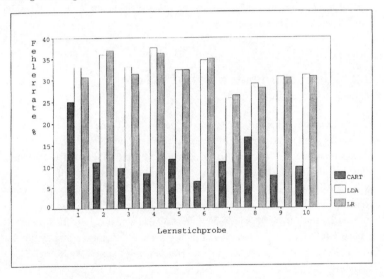

Abbildung 6.4: *Fehlerraten in der Lernstichprobe: Ringnorm*

den anderen Verfahren deutlich überlegen in bezug auf die Höhe des geschätzten Vorhersagefehler ist. Die Ursache hierfür liegt in der Struktur des künstlich generierten Datensatzes. Dadurch, daß eine der Klassen nahezu von der anderen eingeschlossen wird, sind Schnitte parallel zu den Koordinatenachsen – wie beim CART-Verfahren der Fall – zur Trennung der beiden Gruppen deutlich effizienter als beliebige Hyperebenen (siehe Abbildung 6.1).

Die prozentualen Fehlerraten reichen bei CART von $\hat{\epsilon}_{RS,min} = 6,33\%$ bis $\hat{\epsilon}_{RS,max} = 25\%$, wohingegen die lineare Diskriminanzanalyse und die logistische Regression, die hier sehr ähnliche Ergebnisse erzielen, zwischen $\hat{\epsilon}_{RS,min} = 25,67\%$ und $\hat{\epsilon}_{RS,max} = 37,67\%$ der Lernstichprobenelemente falsch klassifizieren.

Beim CART-Verfahren läßt sich deutlich die große „Bandbreite" der Resubstitutionsraten erkennen. Betrachtet man die zugehörigen Entscheidungsbäume (siehe Anhang B, S.203ff), so läßt sich feststellen, daß sich diese in ihrer Struktur sehr stark unterscheiden und jeweils durch ganz unterschiedliche Variablen geprägt sind. Die Anzahl der Endknoten reicht von 4 bis 16.

Eine Möglichkeit der Erklärung dieses Phänomens ist sicherlich im Stichprobenumfang der zugrundeliegenden Lernstichproben zu suchen. Eine Lernstichprobe vom Umfang 300 reicht hier eventuell nicht aus, um relativ stabile Ergebnisse für die geschätzten Vorhersagefehler zu erhalten. Auf diesen speziellen Aspekt – die große Streuung der erhaltenen Schätzwerte – wird in Kapitel 6.3 noch genauer eingegangen.

Die mittleren Fehlerraten der 10 Teststichproben $M\hat{\epsilon}_{TS}$ sind für jedes mit Hilfe der Lernstichproben gebildete Modell in Abbildung 6.5 dargestellt[4]. Insgesamt ergibt sich ein ähnliches Bild wie in Abbildung 6.4. Auch hier erzielt das CART-Verfahren mit Abstand die besten Ergebnisse. LDA und LR weisen ähnlich große Vorhersagefehler auf. Erwartungsgemäß sind die „pessimistischen" durchschnittlichen Fehlerraten der Teststichprobenschätzung deutlich höher als die der Resubstitutionsschätzung (siehe Kapitel 2.3). So erhält man als Extremwerte bei CART $M\hat{\epsilon}_{TS,min} = 20,65\%$ und $M\hat{\epsilon}_{TS,max} = 32,7\%$, wohingegen die Werte für LDA und LR zwischen $M\hat{\epsilon}_{TS,min} = 33,65\%$ und $M\hat{\epsilon}_{TS,max} = 40,35\%$ liegen.

Die relativ hohen durchschnittlichen Vorhersagefehler für die Teststichproben des CART-Verfahrens bei den zugrundeliegenden Lernstichproben 6 und 8 lassen sich durch die jeweilige Baumstruktur erklären. Mit Hilfe der 6. Lernstichprobe erhält man einen komplexen Baum mit 16 Endknoten und einer sehr geringen Resubstitutionsrate $\hat{\epsilon}_{RS} = 6,33\%$ Dieses ist auf das Phänomen des „overfitting" zurückzuführen (siehe 2.3). Es ergibt sich dann eine weitaus höhere Fehlerrate in der

---

[4]Die Errechnung der mittleren Fehlerrate der 10 Teststichproben für das mit Hilfe der h-ten Lernstichprobe gebildete Modell erfolgt durch $M\hat{\epsilon}_{TS} = \frac{1}{10} \sum_{g=1}^{10} \hat{\epsilon}_{TS_g}$ $g = 1, ..., 10$.

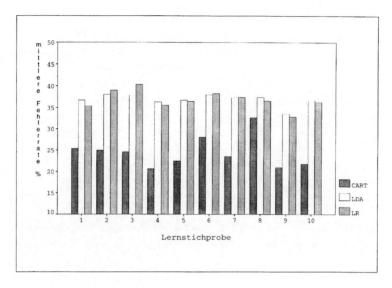

Abbildung 6.5: *Mittlere Fehlerraten der Teststichproben für jede der 10 Lern-stichproben: Ringnorm*

Teststichprobe mit $M\hat{\epsilon}_{TS} = 28,05\%$[5].

Bei der 8. Lernstichprobe hingegen hat der zugehörige Entscheidungsbaum nur 4 Endknoten. Diese Anzahl ist nicht ausreichend, um sowohl Lern- als auch Test-stichprobe gut zu klassifizieren. Die jeweiligen Fehlerraten fallen deshalb mit $\hat{\epsilon}_{RS} = 16,67\%$ und $M\hat{\epsilon}_{TS} = 32,7\%$ extrem hoch aus.

Einen Eindruck von der Streuung der Teststichprobenfehlerraten bei den 10 Mo-dellen vermittelt der Boxplot in Abbildung 6.6. Jede Box enthält hier die 10 Teststichprobenschätzungen bei den jeweiligen Klassifikationsverfahren[6]. Auch hier läßt sich erkennen, daß LDA und LR nur geringe Differenzen hinsichtlich des Ergebnisses aufweisen, d.h. über alle Entscheidungsmodelle betrachtet, Streuun-

---

[5]Ganz allgemein läßt sich feststellen, daß in diesem Beispiel für alle Lernstichproben der Unterschied im Ergebnis von $\hat{\epsilon}_{RS}$ und $M\hat{\epsilon}_{TS}$ bei CART relativ groß ist, d.h. immer „overfitting" vorliegt.

[6]Die wenigen vom Statistikprogrammpaket SPSS (mit dem dieser Boxplot erstellt wurde) als Ausreißer identifizierten Werte werden hier nicht berücksichtigt.

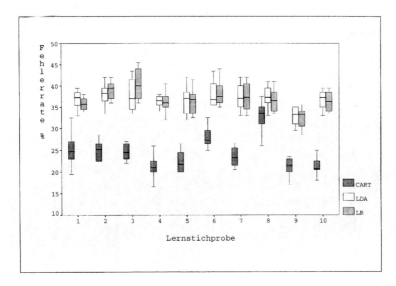

Abbildung 6.6: *Boxplot: Ringnorm*

gen ähnlicher Größenordnung für beide Verfahren vorliegen. Die geschätzte Gesamtstandardabweichung über alle 100 Teststichprobenfehlerraten ist für LDA $\widehat{STD}_{LDA}(\hat{\epsilon}_{TS}) = 3,0059$ und für LR $\widehat{STD}_{LR}(\hat{\epsilon}_{TS}) = 3,3975$.

Die Ergebnisse beim CART-Verfahren weichen deutlich erkennbar von denen bei LDA und LR ab. Besonders auffällig ist die starke Streuung der Werte für das 1. und 8. Entscheidungsmodell. Hier sind die Fehlerratenschätzungen als relativ unstabil zu bezeichnen, was im 8. Modell wieder auf die geringe Anzahl von Endknoten des Entscheidungsbaums zurückgeführt werden kann. Die geschätzte Standardabweichung für die 100 Teststichprobenfehlerraten beträgt hier $\widehat{STD}_{CART}(\hat{\epsilon}_{TS}) = 4,4030$. Dieser recht hohe Wert ist auf die große Streuung zwischen den Lernstichproben zurückzuführen.

In Tabelle 6.1 sind noch einmal die wichtigsten Ergebnisse der Fehlerratenschätzung bei *Ringnorm* zusammengefaßt. In den letzten beiden Zeilen bezeichnet $M\hat{\epsilon}_{TS,ges}$ die mittleren Vorhersagefehler der Teststichprobenschätzungen, errechnet über alle 100 Fehlerraten und $\hat{\epsilon}_{RS,ges}$ die mittleren Vorhersagefehler der Lernstichprobenschätzungen der 10 Modelle. Insgesamt liefern also sowohl LR und

Modell	CART		LDA		LR	
(Lernst.)	$M\hat{\epsilon}_{TS}$	$\widehat{STD}(\hat{\epsilon}_{TS})$	$M\hat{\epsilon}_{TS}$	$\widehat{STD}(\hat{\epsilon}_{TS})$	$M\hat{\epsilon}_{TS}$	$\widehat{STD}(\hat{\epsilon}_{TS})$
1	25,35%	4,0487	36,75%	2,2329	35,40%	2,5254
2	24,95%	2,2042	38,10%	2,4129	39,05%	2,1009
3	24,60%	1,8379	37,85%	3,6136	40,35%	3,5828
4	20,65%	3,1006	36,35%	2,9349	35,60%	3,0714
5	22,50%	2,5495	36,75%	3,2766	36,50%	2,8868
6	28,05%	2,5975	38,00%	2,9627	38,30%	3,0386
7	23,55%	2,1402	37,40%	3,0804	37,50%	3,2146
8	32,70%	3,4091	37,45%	2,4883	36,60%	2,5798
9	21,00%	2,4721	33,65%	3,1715	32,90%	3,1780
10	21,80%	3,1728	36,70%	2,2136	36,30%	2,3476
$M\hat{\epsilon}_{TS,ges}$	24,52%	4,4030	36,90%	3,0059	36,85%	3,3975
$\hat{\epsilon}_{RS,ges}$	11,70%	5,451	32,30%	3,469	31,80%	3,454

Tabelle 6.1: Ergebnisse der Schätzung der Fehlerraten: *Ringnorm*

LDA als auch CART Vorhersagefehler, die weit über der Bayes-Rate ($\epsilon_{Bayes} = 1,3\%$) liegen. Dieses ist dadurch bedingt, daß es allen 3 Verfahren große Schwierigkeiten bereitet, die optimale Trenngrenze, die hier in Form der Oberfläche einer 20-dimensionalen Kugel vorliegt, durch Hyperebenen nachzubilden ([17]).

CART ist in diesem speziellen Beispiel den beiden anderen Verfahren sowohl in bezug auf die mittlere Resubstitutionsrate ($M\hat{\epsilon}_{RS} = 11,7\%$) als auch auf den mittleren Fehler der Teststichprobenschätzung stark überlegen. Allerdings erkennt man hier sehr deutlich die zu optimistische Anlage des Lernstichprobenschätzers, dessen Schätzung erheblich geringer als die mittlere Fehlerrate der Teststichprobenschätzung (24,52%) ausfällt.

Die Ergebnisse von LDA und LR sind als gleichwertig zu betrachten.

6.2.2 Ergebnisse: *Twonorm*

In diesem Beispiel soll die Schätzung des Vorhersagefehlers anhand der klassischen Situation zweier normalverteilter Zufallsvariablen mit gleichen Kovarianzmatrizen demonstriert werden.

Zunächst sei darauf hingewiesen, daß hier nur ein Vergleich der Verfahren CART und LDA möglich ist, da in der logistischen Regression bei der Mehrzahl der gebildeten Modelle mit Hilfe der generierten Datensätze eine totale Trennung des Stichprobenraums (siehe Kapitel 4.2.2) vorlag. Somit existieren keine endlichen ML-Schätzer, was bedeutet, daß bei der speziellen Datenkonstellation die Anwendung der LR zu Resubstitutionsschätzungen führt, die im Mittel nahe null sind. Wie in Kapitel 4.2.2 erläutert sind die erhaltenen Schätzungen allerdings nicht mehr zuverlässig, und zudem kann die jeweilige Teststichprobenfehlerrate nicht errechnet werden.

Abbildung 6.7 zeigt den Vergleich der Resubstitutionsraten aller 10 Lernstichproben für LDA und CART. Hier ist deutlich die Überlegenheit der linearen Diskriminanzanalyse zu erkennen, deren Anwendung im Falle zweier normalverteilter Grundgesamtheiten mit gleichen Kovarianzmatrizen optimal im Sinne geringster Fehlzuordnungswahrscheinlichkeiten ist (siehe Kapitel 3). Die Streuung der Fehlerraten der Resubstitutionsschätzung ist wie zu erwarten sehr gering, wobei die geringste Fehlerrate mit $\hat{\epsilon}_{RS,min} = 0,67\%$ und die höchste mit $\hat{\epsilon}_{RS,max} = 3\%$ zu verzeichnen ist.

Beim CART-Verfahren sind – wie beim *Ringnorm*-Beispiel – starke Schwankungen zwischen den Ergebnissen festzustellen.
Hier reichen die Resubstitutionsfehlerraten von $\hat{\epsilon}_{RS,min} = 3,67\%$ bis $\hat{\epsilon}_{RS,max} = 18\%$. Zur Interpretation der Extremwerte soll wiederum die Anzahl der Endknoten der jeweiligen Entscheidungsmodelle betrachtet werden. Es zeigt sich, daß bei der 5. Lernstichprobe die hohe Fehlerrate durch die geringe Anzahl von 3 Endknoten des zugehörigen Baums zustandekommt. Bei der 7. und 9. Lernstichprobe sind die Entscheidungsbäume mit 18 bzw. 14 Endknoten sehr komplex und können so zumindest die Lernstichprobe recht gut klassifizieren.

Beim Vergleich der mittleren Fehlerraten der Teststichproben (Abbildung 6.8)

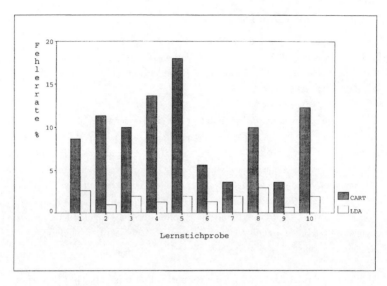

Abbildung 6.7: *Fehlerraten in der Lernstichprobe: Twonorm*

können tendenziell die gleichen Aussagen wie im Vergleich der Lernstichproben getroffen werden. Auch hier sind die Ergebnisse, die mit Hilfe der LDA erzielt werden, sehr gut. Die mittleren Teststichprobenfehler reichen von $M\hat{e}_{TS,min} = 2,2\%$ bis $M\hat{e}_{TS,max} = 3,45\%$.

Das CART-Verfahren schneidet bei der Schätzung des Vorhersagefehlers wiederum deutlich schlechter ab. Hier liegt der geringste Schätzwert im 7. Modell bei $M\hat{e}_{TS,min} = 21,45\%$ bzw. der größte Wert im 5. Modell bei $M\hat{e}_{TS,max} = 30,2\%$. Betrachtet man bei CART die erhaltenen Ergebnisse im Zusammenhang mit den Baumstrukturen der zugrundeliegenden Modelle, so läßt sich erkennen, daß die größten mittleren Teststichprobenfehlerraten, die jeweils durch die 2., 4. und 5. Stichprobe erreicht werden, bei Entscheidungsbäumen mit geringer Komplexität zu verzeichnen sind. Die durch diese drei Lernstichproben angepaßten Bäume besitzen 6, 5 bzw. 3 Endknoten.

Deutlich geringere Fehlerraten, wie z.B. im 7. und 9. Modell erzielt man bei Entscheidungsbäumen mit hoher Endknotenanzahl. Für diese beiden Stichproben ergeben sich 18 bzw. 14 Endknoten. Offensichtlich benötigt man in diesem

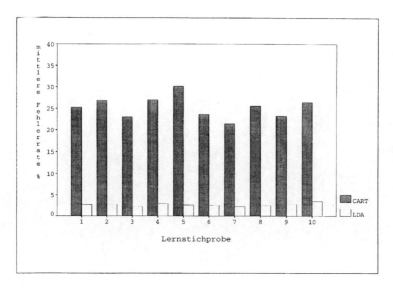

Abbildung 6.8: *Mittlere Fehlerraten der Teststichproben für jede der 10 Lernstichproben: Twonorm*

Simulationsbeispiel relativ komplexe Baumstrukturen um die Elemente der Teststichprobe zufriedenstellend klassifizieren zu können.

Vergleicht man nun Test- und Lernstichprobenergebnisse miteinander, so läßt sich erkennen, daß sich bei der LDA die Resubstitutionsfehler von den Teststichprobenfehlern nicht sehr stark unterscheiden. Bei beiden Arten der Schätzung des Vorhersagefehlers erzielt man sehr gute Resultate, was nicht sehr verwunderlich ist, wenn man bedenkt, daß auch die Teststichprobenelemente aus normalverteilten Grundgesamtheiten stammen.

Beim CART-Verfahren ist der Unterschied zwischen den beiden Schätzverfahren hingegen gravierend. Die erhaltenen Resubstitutionsraten sind viel zu optimistisch. Realistischere, höhere Schätzwerte erhält man erst durch Bestimmung der mittleren Fehlerrate der Teststichproben.

Die nachfolgende Abbildung 6.9 stellt die Ergebnisse der Teststichprobenschät-

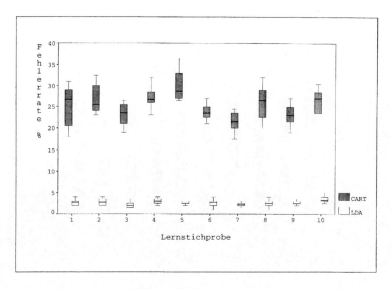

Abbildung 6.9: *Boxplot: Twonorm*

zung in Form eines Boxplots dar. Es läßt sich deutlich erkennen, daß die LDA-Resultate neben den sehr geringen mittleren Fehlerraten auch durch sehr kleine Streuungen innerhalb der einzelnen Modelle gekennzeichnet sind. Die geschätzte Standardabweichung über alle Teststichproben beträgt $\widehat{STD}_{LDA}(\hat{\epsilon}_{TS}) = 0,7792$. Beim CART-Verfahren hingegen sind bei allen 10 Entscheidungsmodellen starke Schwankungen der Teststichprobenfehlerraten vorhanden. Hier erhält man als Schätzung für die Gesamtstandardabweichung $\widehat{STD}_{CART}(\hat{\epsilon}_{TS}) = 3,8325$. Dieses Ergebnis deutet darauf hin, daß in diesem Beispiel die durch CART erhaltenen Schätzungen für die Teststichprobenfehlerrate unzuverlässiger als die entsprechenden Schätzungen der LDA sind.

Tabelle 6.2 faßt die Ergebnisse der *Twonorm*-Simulation zusammen. Die LDA ist sowohl bei der Lernstichproben- als auch bei der Teststichprobenschätzung des Vorhersagefehlers CART deutlich überlegen. Die mittlere Fehlerrate $M\hat{\epsilon}_{TS} = 2,67\%$ reicht hier schon wie zu erwarten sehr nahe an die optimale Bayes-Rate $(2,3\%)$ heran[7].

---

[7]Die optimale Fehlerrate erreicht man bei unendlich häufiger Wiederholung des Experiments.

Modell	CART		LDA	
(Lernst.)	$M\hat{\epsilon}_{TS}$	$\widehat{STD}(\hat{\epsilon}_{TS})$	$M\hat{\epsilon}_{TS}$	$\widehat{STD}(\hat{\epsilon}_{TS})$
1	25,30%	4,6019	2,70%	0,6325
2	26,90%	3,5024	2,80%	0,7149
3	23,00%	2,6034	2,20%	0,6749
4	27,00%	2,6034	2,90%	0,9369
5	30,20%	3,5606	2,60%	0,3944
6	23,65%	1,9156	2,55%	0,9265
7	21,45%	2,3148	2,25%	0,5401
8	25,65%	3,9019	2,45%	0,9846
9	23,25%	2,4410	2,80%	0,5869
10	26,50%	2,6771	3,45%	0,7246
$M\hat{\epsilon}_{TS,ges}$	25,29%	3,8325	2,67%	0,7792
$\hat{\epsilon}_{RS,ges}$	9,70%	4,527	1,80%	0,726

Tabelle 6.2: Ergebnisse der Schätzung der Fehlerraten: *Twonorm*

Das CART-Verfahren hingegen hat „Mühe" beim Erkennen der optimalen Trenngrenze zwischen den beiden Gruppen, die in diesem Beispiel eine schiefe Hyperebene im Raum ist. Da bei CART – anschaulich gedacht – die Trennebenen parallel zu den Achsen verlaufen, wird die optimale Hyperebene nur unzureichend approximiert und somit erhält man im Vergleich recht hohe Fehlerraten.

6.2.3 Ergebnisse: *Threenorm*

Die Stichproben des *Threenorm*- Beispiels stammen wiederum aus normalverteilten Grundgesamtheiten. Die Besonderheit liegt hierbei darin, daß eine der beiden Gruppen in zwei Untergruppen mit verschiedenen Erwartungswertvektoren aufgeteilt ist, was den Klassifikationsverfahren unter Umständen besondere Schwierigkeiten bereiten könnte.

Für die Resubstitutionsraten ergibt sich (Abbildung 6.10) ein relativ uneinheitliches Bild. Während die Schätzungen des Vorhersagefehlers bei LDA und LR sehr ähnlich sind (wie im *Ringnorm*-Beispiel), erkennt man beim CART-Verfahren

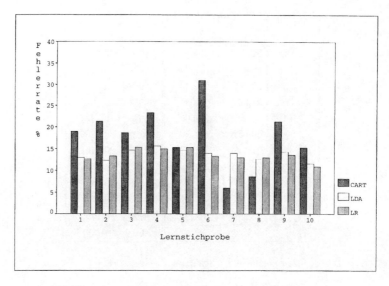

Abbildung 6.10: *Fehlerraten in der Lernstichprobe: Threenorm*

starke Unterschiede in der Größenordnung der Fehlerraten. Die Extremwerte der Lernstichprobenfehler betragen bei LDA und LR $\hat{\epsilon}_{RS,min} = 11\%$ und $\hat{\epsilon}_{RS,max} = 15,33\%$, wohingegen die Resubstitutionsraten von CART zwischen $\hat{\epsilon}_{RS,min} = 6\%$ und $\hat{\epsilon}_{RS,max} = 31\%$ liegen.

Auch hier lassen sich die Minimal- bzw. Maximalwerte von CART mit Hilfe der Anzahl der Endknoten der zugehörigen Entscheidungsbäume interpretieren. Im 7. Modell hat der zugrundeliegende Baum 22, im 6. Modell dagegen nur 2 Endknoten.

Interessant ist, daß in diesem Beispiel CART im Vergleich zu LR und LDA bei 3 der 10 Stichproben geringere oder gleichwertige Schätzungen (Modell 5) liefert. Errechnet man die mittlere Resubstitutionsrate über alle 10 Modelle, so erhält man für die logistische Regression $\hat{\epsilon}_{RS,ges} = 13,57\%$, für die lineare Diskriminanzanalyse $\hat{\epsilon}_{RS,ges} = 13,70\%$ und schließlich für CART $\hat{\epsilon}_{RS,ges} = 18,00\%$. Das deutet darauf hin, daß LDA und LR hier wiederum CART in bezug auf den Resubstitutionsfehler überlegen sind, obwohl eine allgemeingültige Aussage nicht getroffen

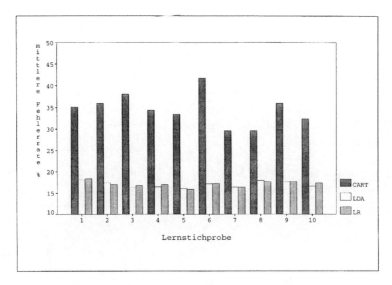

Abbildung 6.11: *Mittlere Fehlerraten der Teststichproben für jede der 10 Lernstichproben: Threenorm*

werden kann, da die Anzahl der zugrundeliegenden Lernstichproben zu klein ist.

Weitere Anhaltspunkte zur Beurteilung der Verfahren in diesem speziellen Beispiel bieten die in Abbildung 6.11 dargestellten mittleren Fehlerraten der Teststichproben. Es zeigt sich, daß die geschätzten mittleren Teststichprobenfehler bei LDA und LR kleinere Werte als die Schätzungen bei CART annehmen, d.h. die erstgenannten Verfahren lösen dieses Klassifizierungsproblem besser. Wie schon in den vorherigen Beispielen zeigen sich relativ große Unterschiede in der Höhe der Fehlerratenschätzungen der einzelnen Modelle beim CART-Verfahren. Die mittleren Teststichprobenfehler reichen von $M\hat{\epsilon}_{TS,min} = 29,65\%$ bis $M\hat{\epsilon}_{TS,max} = 41,8\%$. Bei LDA und LR liegen die entsprechenden Schätzwerte zwischen $M\hat{\epsilon}_{TS,min} = 16,3\%$ und $M\hat{\epsilon}_{TS,max} = 18,35\%$.

Vergleicht man beim CART-Verfahren die Ergebnisse von Test- und Lernstichprobenfehlerraten, so läßt sich feststellen, daß die geringsten Vorhersagefehler bezüglich der Teststichprobe im 7. und 8. Modell erzielt werden, also gerade bei

den beiden Modellen, die auch die niedrigsten Resubstitutionsraten aufweisen.
Wie im *Twonorm*-Beispiel ist für dieses Ergebnis die hohe Anzahl von Endknoten der entsprechenden Entscheidungsmodelle (22 bzw. 13) verantwortlich. Die
mit Abstand höchste Teststichprobenfehlerrate ($M\hat{\epsilon}_{TS,max} = 41, 8\%$) wird im 6.
Modell erreicht. Der zugrundeliegende Entscheidungsbaum besitzt nur 2 Endknoten. Man muß also auch hier davon ausgehen, daß komplexere Bäume besser
zur Klassifizierung der Elemente der Teststichproben geeignet sind als einfache
Baumstrukturen.

Der Boxplot in Abbildung 6.12 vermittelt einen Eindruck von der Streuung der
mittleren Teststichprobenschätzwerte für *Threenorm*. Auch hier ist die deutli-

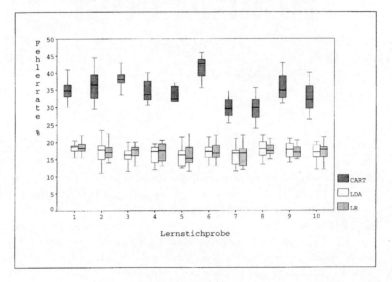

Abbildung 6.12: *Boxplot: Threenorm*

che Überlegenheit der linearen Diskriminanzanalyse und der logistischen Regression, die sich nicht sehr stark bei der Schätzung der Fehlerraten unterscheiden, gegenüber CART erkennbar. Während die geschätzte Gesamtstandardabwei-
chung bei den beiden erstgenannten Verfahren bei $\widehat{STD}_{LDA}(\hat{\epsilon}_{TS}) = 2,7038$ bzw.
$\widehat{STD}_{LR}(\hat{\epsilon}_{TS}) = 2,6939$ liegt, beträgt diese bei CART $\widehat{STD}_{CART}(\hat{\epsilon}_{TS}) = 4,995$.

Modell	CART		LDA		LR	
(Lernst.)	$M\hat{\epsilon}_{TS}$	$\widehat{STD}(\hat{\epsilon}_{TS})$	$M\hat{\epsilon}_{TS}$	$\widehat{STD}(\hat{\epsilon}_{TS})$	$M\hat{\epsilon}_{TS}$	$\widehat{STD}(\hat{\epsilon}_{TS})$
1	35,15%	3,1890	18,15%	1,7958	18,35%	1,8112
2	36,00%	4,8933	17,45%	3,4996	17,00%	3,2914
3	38,10%	3,9567	16,30%	3,0295	16,75%	2,9930
4	34,40%	3,1693	16,45%	2,6188	16,95%	2,5868
5	33,50%	2,3214	16,00%	2,9155	15,85%	3,2664
6	41,80%	3,3015	17,15%	2,3927	17,25%	2,6273
7	29,65%	3,0464	16,35%	2,8776	16,35%	3,1363
8	29,65%	3,8373	17,90%	2,7060	17,60%	1,8827
9	36,00%	4,3970	17,60%	2,5144	17,70%	2,5188
10	32,40%	4,2348	16,60%	2,6646	17,35%	2,7794
$M\hat{\epsilon}_{TS,ges}$	34,67%	4,9950	17,00%	2,7038	17,12%	2,6939
$\hat{\epsilon}_{RS,ges}$	18,00%	7,198	13,70%	1,242	13,57%	1,351

Tabelle 6.3: Ergebnisse der Schätzung der Fehlerraten: *Threenorm*

Zusammenfassend zeigt Tabelle 6.3 noch einmal alle Ergebnisse für *Threenorm* im Überblick. Von allen drei Verfahren kann die optimale Bayes-Rate von $10,5\%$ nicht erreicht werden. Es bereitet den Klassifikationsverfahren offenbar Schwierigkeiten, die Struktur der in zwei Untergruppen aufgeteilten Klasse zu erkennen. Die optimale Trenngrenze wird in diesem Beispiel durch zwei schräge miteinander verbundene Hyperebenen gebildet (siehe [18]). CART kann diese Aufgabe nur unzureichend lösen. Daraus ergibt sich die bei allen drei Simulationsbeispielen höchste mittlere Teststichprobenfehlerrate von $34,67\%$. Die von LDA bzw. LR gebildete Trennebene im Stichprobenraum liefert hingegen noch einigermaßen zufriedenstellende Klassifikationsergebnisse.

6.2.4   Unterschiedliche Lernstichprobengrößen

Als nächstes soll nun mit Hilfe des *Ringnorm*-Beispiels demonstriert werden, wie sich die Fehlerratenschätzungen der drei Verfahren verhalten, wenn die Lernstichprobengröße variiert.

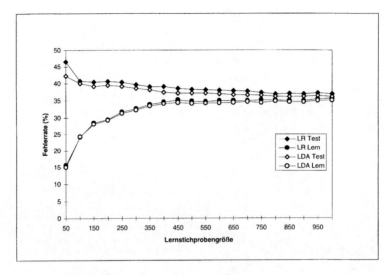

Abbildung 6.13: *Fehlerraten bei unterschiedlichen Lernstichprobengrößen (LR und LDA)*

Dazu wurden zunächst jeweils 10 Lernstichproben mit 50, 100, 150 u.s.w. bis 1000 Elementen aus der *Ringnorm*-Verteilung erzeugt[8] und mit Hilfe dieser Datensätze insgesamt 200 Entscheidungsmodelle gebildet. Eine Teststichprobe vom Umfang 1000 diente anschließend zur Berechnung der Teststichprobenfehler. Abbildung 6.13 stellt zunächst für die logistische Regression und die lineare Diskriminanzanalyse die über die jeweils 10 Lernstichproben gemittelten Resubstitutions- und Teststichprobenfehlerraten in Abhängigkeit von den verschiedenen Stichprobengrößen dar[9]. Es bestätigen sich hier deutlich alle bisher theoretisch dargelegten Eigenschaften der beiden Schätzerarten.

Während die Resubstitutionsschätzung bei kleinen Lernstichproben zu optimistisch in bezug auf die Höhe des Vorhersagefehlers ist, ist der Teststichpro-

---

[8] Dabei wurde so vorgegangen, daß jeweils 50 Elemente neu generiert und den schon erzeugten Datensätzen hinzugefügt wurden.

[9] Bei der Lernstichprobengröße vom Umfang 50 konnten für die LR nur 5 der 10 Resubstitutions- bzw. Teststichprobenschätzungen berücksichtigt und deren Mittelwert gebildet werden, da bei den restlichen Entscheidungsmodellen eine totale Trennung des Stichprobenraumes vorlag.

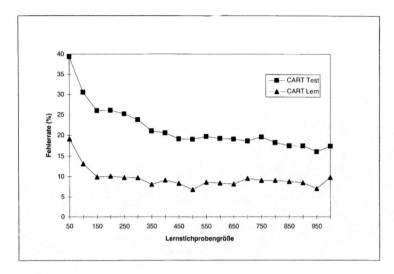

Abbildung 6.14: *Fehlerraten bei unterschiedlichen Lernstichprobengrößen (CART)*

benschätzer in dieser Situation eher pessimistischer Natur. Steigt der Umfang der Lernstichprobenelemente an, so nähern sich beide Schätzwerte einander an. Bei einer Stichprobengröße von 1000 ist hier kaum mehr ein Unterschied feststellbar. Als Konsequenz daraus ergibt sich, daß beim Vorliegen von sehr großen Stichprobenumfängen sicherlich der weniger kosten- und rechenintensivere[10] Resubstitutionsschätzer eine sinnvolle Alternative zum Teststichprobenschätzer bietet.

Beim CART-Verfahren hingegen zeigt sich ein etwas anderes Bild (Abbildung 6.14). Wiederum läßt sich erkennen, daß bei kleinen Lernstichproben die Resubstitutionsschätzung zu optimistisch (im Vergleich mit der Teststichprobenschätzung) bezüglich der Fehlerrate ist. Bei steigendem Stichprobenumfang werden die Schätzwerte hier zunächst sogar kleiner um sich dann auf gleichbleibendem Niveau zwischen 8% und 9% „einzupendeln". Bei der Errechnung des Teststichprobenfehlers

---

[10]In vielen Statistikprogrammpaketen ist es zudem mühsam, die Berechnungen für den Teststichprobenschätzer zu implementieren (z.B. für LR in SAS).

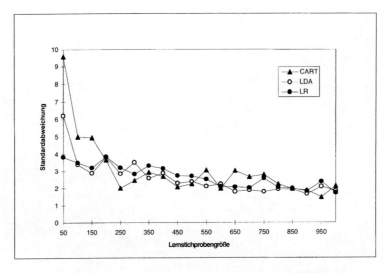

Abbildung 6.15: *Geschätzte Standardabweichung des Resubstitutionsfehlers*

zeigt sich die gleiche Tendenz wie bei LDA und LR. Nach anfänglich sehr pessimistischen Schätzungen, erhält man ab einer Lernstichprobengröße von ca. 450
Elementen stabile Fehlerratenschätzwerte.

Resubstitutions- und Teststichprobenfehlerraten nähern sich hier (wenn überhaupt) nur sehr langsam einander an, so daß selbst bei großen Stichprobenumfängen die mit Hilfe der Teststichproben gewonnenen Schätzungen vorzuziehen
sind.

Beim CART-Verfahren sei allerdings angemerkt, daß die Entscheidungsmodelle
hier mit Hilfe der 10-fachen CV-Schätzung ausgewählt werden. Das heißt, die
resultierenden Klassifikationsmodelle sind nicht so exakt an die Lernstichprobe
angepaßt, wie das bei der logistischen Regression oder der linearen Diskriminanzanalyse der Fall ist.

Die Abbildungen 6.15 und 6.16 zeigen die Standardabweichungen der Resubsti-
tutions- bzw. Teststichprobenfehler (über die 10 Modelle) in Abhängigkeit vom
Stichprobenumfang. Bei allen drei Verfahren läßt sich erkennen, daß die Streuung

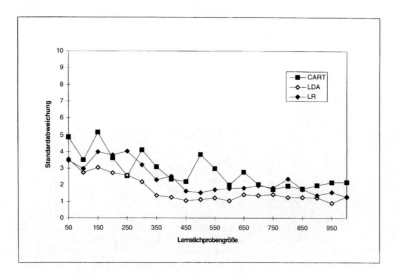

Abbildung 6.16: *Geschätzte Standardabweichung des Teststichprobenfehlers*

der Resubstitutionsfehler mit zunehmendem Stichprobenumfang geringer wird. Die Schätzungen werden also mit wachsender Lernstichprobengröße stabiler. Weiterhin kann festgestellt werden, daß sich die 3 Methoden bei einem Stichprobenumfang größer 150 in bezug auf die Standardabweichung relativ ähnlich verhalten. Bei kleinen Stichproben hingegen streuen die Schätzwerte des CART-Verfahrens wesentlich stärker als bei LDA und LR.

Betrachtet man die Teststichprobenfehler bzw. deren Standardabweichungen (Abbildung 6.16), so läßt sich zunächst auch hier eine deutliche Verringerung der Streuung der Schätzwerte bei wachsender Lernstichprobe feststellen. Allerdings unterscheidet sich die relativ sprunghafte Kurve des CART-Verfahrens offensichtlich von den eher gleichmäßig verlaufenden Kurven der LR und LDA – zumindest bei Stichprobenumfängen von weniger als 700 Elementen.

Weiterhin auffällig ist hier, daß die LDA bei allen Stichprobengrößen die geringste Streuung des Teststichprobenfehlers zu verzeichnen hat. Im Bereich zwischen 150 und 400 Elementen in der Lernstichprobe unterscheidet sich die Diskriminanzanalyse sogar relativ stark von der logistischen Regression, die hier insgesamt

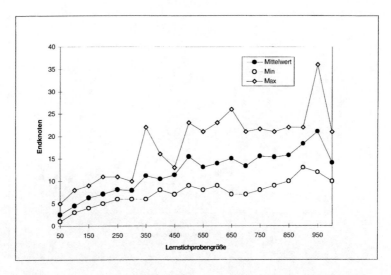

Abbildung 6.17: *Durchschnittliche Anzahl an Endknoten bei unterschiedlicher Lernstichprobengröße*

große geschätzte Standardabweichungen aufweist.

Bei CART zeigt sich im Falle von geringen Stichprobenumfängen eine recht unterschiedliche Größenordnung der Streuungen der Schätzwerte.

Erst bei zugrundeliegenden großen Lernstichproben bieten alle drei Verfahren stabile Schätzungen in bezug auf deren Standardabweichungen.

Zusammenfassend kann für alle 3 Verfahren gesagt werden, daß gerade bei geringen Stichprobengrößen sowohl Resubstitutions- als auch Teststichprobenschätzer mit Vorsicht zu betrachten sind, da einerseits zu pessimistische bzw. optimistische Schätzungen entstehen können und andererseits große Standardabweichungen auf relativ unstabile Schätzwerte hindeuten.

Abschließend soll speziell beim CART-Verfahren der Zusammenhang zwischen Lernstichprobengröße und Anzahl der Endknoten der Entscheidungsbäume kurz diskutiert werden. Abbildung 6.17 zeigt dazu die durchschnittliche Anzahl an Endknoten der jeweils 10 Simulationen in Abhängigkeit von der Stichprobengröße. Es läßt sich sehr deutlich ein Anstieg der mittleren Endknotenzahl bei zunehmendem Stichprobenumfang erkennen. Das heißt also, je größer die zugrundeliegende Lernstichprobe, desto komplexer wird die Struktur der entstehenden Entscheidungsbäume.

Gleichzeitig sind in Abbildung 6.17 aber auch die Minimal- bzw. Maximalanzahlen der Endknoten für jeden Stichprobenumfang festgehalten. Hier läßt sich feststellen, daß bei größeren Lernstichproben die Knotenzahl sehr viel stärker variieren kann als bei kleinen Stichproben. Das ist darauf zurückzuführen, daß bei großen zur Verfügung stehenden Datenmengen die Struktur in jeder Lernstichprobe individuell besser von CART erkannt werden kann, welches schließlich das Entstehen von u.U. sehr unterschiedlichen Entscheidungsbäumen zur Folge hat.

6.2.5 Schrittweise Variablenauswahl

Wie in Kapitel 3.6 bzw. Kapitel 4.3 bereits erläutert kann durch Auswahl geeigneter, für die Analyse wichtiger Variablen die Schätzung des Vorhersagefehlers evtl. verbessert werden. In den gewählten Simulationsbeispielen läßt sich jedoch feststellen, daß jeweils allen Variablen gleiche diskriminatorische Bedeutung zukommt, und dadurch bei Durchführung einer schrittweisen Variablenselektion das Klassifikationsergebnis höchstens schlechter wird.

Um dennoch zu demonstrieren, daß sich eine geeignete Variablenauswahl positiv auf die Höhe der Fehlerrate auswirken kann, wurde die Generierung der Daten des *Twonorm*-Beispiels modifiziert.
Die ersten 12 der 20 Variablen wurden dahingehend verändert, daß diese lediglich „Störungen" für die ursprüngliche Datenstruktur darstellen[11], d.h. die normalverteilten Variablen wurden durch gamma- , exponential-, gleichverteilte und andere Zufallsvariablen willkürlich ersetzt. Die restlichen 8 Variablen wurden wiederum aus einer multivariat normalverteilten Grundgesamtheit mit Einheitskovarianzmatrix $\mathbf{I}$, aber Erwartungswertvektor $(\frac{1}{\sqrt{20}}, ..., \frac{1}{\sqrt{20}})$ für die 1. Gruppe und $(-\frac{1}{\sqrt{20}}, ..., -\frac{1}{\sqrt{20}})$ für die 2. Gruppe gezogen. Die ausführliche Programmbeschreibung befindet sich im Anhang A.3, S.193f.

---

[11]In der Literatur bezeichnet man solche Variablen als *noisy variables*.

Stichprobe	LDA	LR
1	v3 v13-v20	v13-v20
2	v5 v10 v13-v20	v13-v17 v19 v20
3	v2 v3 v13-v20	v13-v20
4	v2 v6 v11 v12 v13-v20	v13-v20
5	v2 v4 v9 v11 v13-v20	v4 v13-v20
6	v10 v13-v20	v10 v13-v20
7	v11 v13-v20	v13-v20
8	v12 v13-v20	v13-v20
9	v3 v13-v20	v13-v20
10	v3 v5 v13-v20	v13-v20

Tabelle 6.4: Ausgewählte Variablen bei schrittweiser Variablenauswahl

Bei diesem so veränderten Simulationsbeispiel kann man nun hoffen, daß die schrittweisen Auswahlverfahren die letzten 8 Variablen als die zur Gruppentrennung wichtigsten erkennen und hauptsächlich diese in die Analyse einbeziehen. So gelangt man evtl. unter Ausschluß der „Störvariablen" zu geringeren Vorhersagefehlern.

Es wurden 10 Lernstichproben der Größe 500 und 10 Teststichproben mit 200 Elementen erzeugt und mit Hilfe dieses Datenbestandes eine schrittweise Auswahl sowohl mit der LDA als auch mit der LR durchgeführt[12]. Zum Vergleich werden für beide Verfahren auch die Fehlerraten bestimmt, die sich ergeben, wenn man alle Variablen in das Entscheidungsmodell einbezieht.

Zunächst sind in Tabelle 6.4 die bei den 10 Lernstichproben ausgewählten Variablen für LDA und LR aufgeführt. Es zeigt sich, daß beide schrittweisen Prozeduren bei den 10 Lernstichproben die zur Trennung der Gruppen wichtigen Variablen v13-v20 gut erkennen und somit auswählen. Das vom Statistikprogrammpaket SAS voreingestellte χ^2-Kriterium (siehe 4.3) bei der schrittweisen LR tendiert dabei zur Auswahl von weniger Variablen als das F-Kriterium (siehe Kapitel 3.6) bei der schrittweisen LDA[13].

---

[12]Die Berechnungen wurden mit SAS PROC STEPDISC und PROC LOGISTIC durchgeführt. Es wird dabei die Methode „stepwise" gewählt (siehe [100], S.910ff und [101], S.1076ff).

[13]Allerdings besteht in SAS die Möglichkeit das Ein- bzw. Ausschlußkriterium für die Auf-

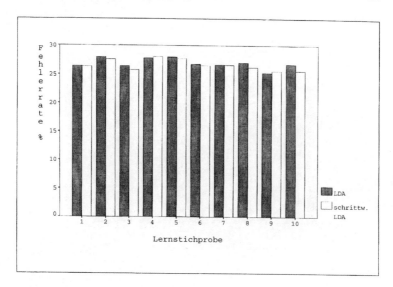

Abbildung 6.18: *Teststichprobenfehler bei der linearen Diskriminanzanalyse mit schrittweiser Variablenauswahl im Vergleich zur einfachen LDA*

Bei der Klassifizierung der 10 Teststichproben mit Hilfe der durch die Lernstichproben gebildeten Entscheidungsmodelle zeigt sich in den Abbildungen 6.18 und 6.19, daß es möglich ist, durch die schrittweise Auswahl die durchschnittliche geschätzte Teststichprobenfehlerrate (im Vergleich zu den Modellen mit voller Variablenanzahl) zu senken. Sowohl mit der LR als auch mit der LDA erzielt man bei 8 von 10 Entscheidungsmodellen geringere Teststichprobenschätzungen, wenn man nur auf die für die Trennung relevanten Variablen zurückgreift.

Tabelle 6.5 zeigt die über alle Lernstichproben gemittelten Schätzungen des Resubstitutions- und Teststichprobenfehlers für LDA und LR in diesem Beispiel.

Es läßt sich erkennen, daß bei beiden Verfahren die ermittelten Resubstitutionsraten $\hat{\epsilon}_{RS,ges}$ bei der schrittweisen Auswahl schlechter abschneiden, aber die für Prognosezwecke geeigneteren Teststichprobenfehler $M\hat{\epsilon}_{TS,ges}$ insgesamt etwas bessere Klassifikationsergebnisse liefern als bei Einbeziehung aller Variablen.

---

nahme oder Herausnahme von Variablen beliebig zu ändern.

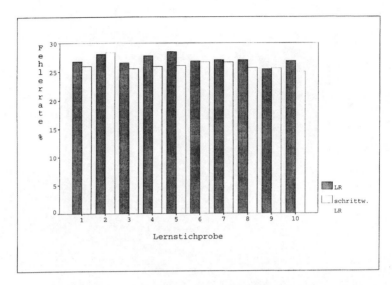

Abbildung 6.19: *Teststichprobenfehler bei der logistischen Regression mit schrittweiser Variablenauswahl im Vergleich zur einfachen LR*

Um nun abschließend die schrittweise LDA mit der schrittweisen LR bezüglich der Klassifikationsgüte in diesem Beispiel zu vergleichen, wurde für jedes der 10 Modelle bei beiden Verfahren die Differenz der mittleren Teststichprobenfehlerraten bei den Entscheidungsmodellen mit voller Variablenanzahl und schrittweiser Auswahl berechnet. Abbildung 6.20 zeigt diesen Vergleich.

Man erkennt sehr deutlich, daß bei der schrittweisen LR oftmals die Verbesserung des Vorhersagefehlers gegenüber dem herkömmlichen Modell wesentlich größer ist

	LDA		LR	
	alle Variablen	schrittw. Auswahl	alle Variablen	schrittw. Auswahl
$\hat{\epsilon}_{RS,ges}$	25,82%	26,76%	26,0%	26,22 %
$M\hat{\epsilon}_{TS,ges}$	27,05%	26,13%	26,9%	26,61%

Tabelle 6.5: Zusammenfassung der Klassifikationsergebnisse

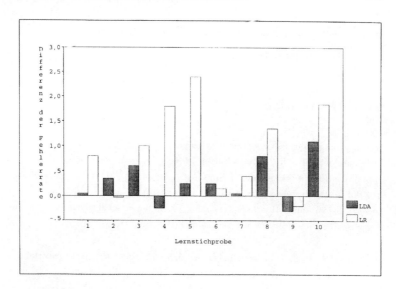

Abbildung 6.20: *Differenz der Fehlerraten zwischen den Modellen mit voller Variablenanzahl und schrittweiser Auswahl bei LDA und LR*

als bei der schrittweisen LDA.

Betrachtet man noch einmal Tabelle 6.4 so läßt sich dieses Ergebnis hauptsächlich damit erklären, daß die schrittweise LR relativ genau die für die Gruppentrennung wichtigen Variablen auswählt.

Insgesamt läßt sich also festhalten, daß es mit Hilfe der schrittweisen Auswahlverfahren sowohl möglich ist, die wichtigsten Variablen herauszufiltern, als auch die Klassifikationsergebnisse zu verbessern. Es bleibt allerdings von Fall zu Fall abzuwägen, ob die Anwendung dieser speziellen Auswahlverfahren lohnt, da sie natürlich auch zu erheblichen Verschlechterungen des Ergebnisses führen können, z.B. wenn alle Variablen gleiche Wichtigkeit für die Trennung der Gruppen haben.

6.3 Möglichkeiten zur Reduzierung des Vorhersagefehlers

6.3.1 Motivation

In den vorangegangenen Kapiteln wurden anhand von Simulationsbeispielen Fehlerratenschätzungen für die drei Entscheidungsverfahren vorgenommen. Auffällig ist hier – insbesondere beim CART-Verfahren – die relativ große Streuung der Teststichproben- aber auch der Resubstitutionsschätzungen über die gezogenen Stichproben. Das bedeutet, daß die erhaltenen Schätzwerte in gewissem Sinne unstabil und somit wenig verläßlich für Prognosezwecke sind[14].

Breiman([15]) stellt ganz allgemein fest, daß sich alle Klassifikationsverfahren in zwei Gruppen einteilen lassen: Bei sogenannten unstabilen Methoden können bereits kleine Änderungen in den Lerndaten große Änderungen des Vorhersageergebnisses bewirken. Zu diesen Verfahren zählen u.a. CART, neuronale Netze und Quinlans C4.5 Baumalgorithmus ([97]). Stabile Verfahren hingegen liefern relativ konstante Schätzergebnisse bei Veränderung der Lernstichprobe. Hierzu gehören z.B. die Diskriminanzanalyse und die Nächste-Nachbarn-Verfahren.

Es erhebt sich nun die Frage, ob es Möglichkeiten gibt, speziell bei unstabilen Klassifikationsverfahren die Fehlerraten zu verringern.
Zur Klärung dieser Frage sollen, auch zum besseren und theoretisch fundierten Verständnis der Einteilung in stabile und unstabile Verfahren, die Begriffe Bias und Varianz im Zusammenhang mit Klassifikationsmethoden erläutert werden. Anschließend werden zwei Verfahren zur Reduzierung des Fehlers bei unstabilen Entscheidungsmethoden vorgestellt, die auf Bootstrap-Ansätzen beruhen. Eingebunden in die nächsten Kapitel ist ebenfalls der Versuch, die schrittweise lineare Diskriminanzanalyse und logistische Regression einer der zwei Gruppen (stabil oder unstabil) zuzuordnen, und in diesem Zusammenhang die Auswirkung der Bootstrap-Methoden auf den Vorhersagefehler festzustellen.

---

[14]In realen Anwendungen errechnet man im allgemeinen nur einen Schätzwert, der dann evtl. wenig über die wahre Höhe des Fehlers aussagt.

6.3.2 Bias und Varianz von Klassifikationsverfahren

Innerhalb der letzten zwei Jahre beschäftigten sich diverse Autoren mit der Definition der Begriffe Bias und Varianz in bezug auf Klassifikationsprobleme ([17], [26], [110], [74]). Vorrangiges Ziel dabei ist es, den Vorhersagefehler in einzelne Komponenten zu zerlegen, die u.a. den Bias und die Varianz widerspiegeln, um so einerseits die Zusammensetzung des Fehlers besser zu verstehen und andererseits Ansatzpunkte zur Reduktion der entsprechenden Fehlerraten zu finden.

Aus der Reihe der möglichen Ansätze von Bias- und Varianzdefinitionen soll hier auf die von Breiman ([17]) vorgeschlagene Konzeption eingegangen werden, anhand derer schließlich auch anschaulich die Einteilung in stabile und unstabile Klassifikationsverfahren vorgenommen werden kann. Am Ende des Kapitels wird kurz auf alternative Definitionen eingegangen.

6.3.2.1 Theoretisches Konzept

Bezeichne $\mathcal{L} = \{(y_1, x_1)...(y_N, x_N)\}$ eine beliebige Lernstichprobe, wobei x_n den multidimensionalen Merkmalsvektor und y_n die Klassenzugehörigkeit des n-ten Elements ($n = 1, ..., N$) darstellt. In der Entscheidungstheorie wird nun mit Hilfe eines beliebigen Verfahrens bei gegebener Lernstichprobe eine Entscheidungsregel $C(x, \mathcal{L})$ zur Vorhersage der Klassenzugehörigkeit neuer Elemente, deren wahre Klasse unbekannt ist, gebildet[15]. Unter der Annahme, daß die Elemente von $\mathcal{L}$ Realisationen von identisch und unabhängig verteilten Zufallsvariablen aus der Verteilung $P(X, Y)$ sind, läßt sich der Vorhersagefehler der Regel für eine feste Lernstichprobe durch

$$PE(C(, \mathcal{L})) = E_{X,Y}(C(X, \mathcal{L}) \neq Y)^{16} \qquad (6.1)$$

darstellen, bzw. bei Erwartungswertbildung über alle möglichen Lernstichproben ([17]) durch

$$PE(C) = E_{\mathcal{L}} E_{X,Y}(C(X, \mathcal{L}) \neq Y). \qquad (6.2)$$

---

[15]Siehe Kapitel 2.3.
[16]PE: Prediction Error.

Betrachtet man die Bayes-Entscheidungsregel C^*, die sich als

$$C^*(\mathbf{x}) = argmax_j \, P(j|\mathbf{x}) \qquad (6.3)$$

darstellen läßt, wobei $P(j|\mathbf{x}) = P(Y = j|\mathbf{X} = \mathbf{x})$ die a posteriori-Wahrscheinlichkeit der j-ten Klasse $(j = 1, .., J)$ bezeichnet, so kann man deren Fehlerrate durch

$$PE(C^*) = 1 - \int_{\mathbf{X}} \max_j (P(j|\mathbf{x})) P(d\mathbf{x}) \qquad (6.4)$$

angeben.

Zur Darstellung von Bias und Varianz wird nun die Definition einer weiteren speziellen Entscheidungsregel, die sog. aggregierte Regel (aggregated classifier, [17]) C_A, benötigt.

Angenommen, man hat eine große Anzahl verschiedener unabhängig und identisch verteilter Lernstichproben $\mathcal{L}_i$ $(i = 1, 2, ...)$ zur Verfügung. Dann kann daraus eine Menge von Regeln $\{C(\mathbf{x}, \mathcal{L}_i)\}$ gebildet werden, die zur Vorhersage von Klassenzugehörigkeiten neuer Elemente, die ebenfalls aus dieser Verteilung stammen, geeignet sind.

Die aggregierte Regel C_A ordnet nun einem Fall $\mathbf{x}$ diejenige Klasse zu, die durch die Einzelregeln $C(\mathbf{x}, \mathcal{L}_i)$ $(i = 1, 2, ...)$ am häufigsten vorhergesagt wird. Es wird also eine Mehrheitsentscheidung zur Wahl der Klassenzugehörigkeit getroffen.

Formuliert man diese Idee wahrscheinlichkeitstheoretisch, so ergibt sich für die aggregierte Zuordnungsregel (analog zur Bayes-Regel):

$$C_A(\mathbf{x}) = argmax_j \, Q(j|\mathbf{x}), \qquad (6.5)$$

wobei $Q(j|\mathbf{x}) = P_{\mathcal{L}}(C(\mathbf{x}, \mathcal{L}) = j)$ die Wahrscheinlichkeit darstellt, die Klasse j vorherzusagen.

Breiman ([17]) bezeichnet eine beliebige Regel $C(\mathbf{x}, \mathcal{L})$ als unverzerrt für $\mathbf{x}$, wenn diese bei Aggregation über viele unabhängige Lernstichproben die optimale Klasse des einzuordnenden Elements $\mathbf{x}$ häufiger wählt als die anderen Klassen.

Definition: Unverzerrtheit

$C(\mathbf{x}, \mathcal{L})$ ist unverzerrt für $\mathbf{x}$, wenn $C_A(\mathbf{x}) = C^*(\mathbf{x})$.

Wenn C also unverzerrt für $\mathbf{x}$ ist, dann ist C_A die optimale Regel. Die aggregierte Regel imitiert also sozusagen die Bayes-Regel.

Zur Definition von Bias und Varianz wird die Menge aller Merkmalsvektoren $\mathbf{x}$ in zwei Teilmengen zerlegt. U bezeichne die Teilmenge aller $\mathbf{x}$, für die $C(\mathbf{x})$ unverzerrt ist. B enthält entsprechend alle $\mathbf{x}$ für die die Regel C verzerrt ist. Dann lassen sich Bias und Varianz[17] wie folgt darstellen:

$$Bias(C) := P_{\mathbf{X},Y}(C^*(\mathbf{X}) = Y, \mathbf{X} \in B) - E_{\mathcal{L}}P_{\mathbf{X},Y}(C(\mathbf{X},\mathcal{L}) = Y, \mathbf{X} \in B) \quad (6.6)$$

$$Var(C) := P_{\mathbf{X},Y}(C^*(\mathbf{X}) = Y, \mathbf{X} \in U) - E_{\mathcal{L}}P_{\mathbf{X},Y}(C(\mathbf{X},\mathcal{L}) = Y, \mathbf{X} \in U). \quad (6.7)$$

Nun läßt sich der Vorhersagefehler $PE(C)$ mit Hilfe von Bias und Varianz ausdrücken:

$$PE(C) = PE(C^*) + Bias(C) + Var(C). \quad (6.8)$$

(6.8) nennt man <u>fundamentale Dekomposition</u> des Vorhersagefehlers ([17]).

Zusammenfassend kann gesagt werden, daß die Höhe der Fehlerrate einer Entscheidungsregel von deren Bias und Varianz abhängt.

Bevor die Verbindung zur Stabilität einer Entscheidungsregel hergestellt wird, sollen zunächst einige Eigenschaften von Bias und Varianz, die sich aus deren Definitionen ergeben, aufgeführt werden[18]:

1. *Die Varianz von C_A ist null.*

2. *Bias und Varianz sind immer nicht negativ.*

---

[17]Breiman ([17]) benutzt die Begriffe Bias und Varianz in Analogie zu Größen aus einem regressionsanalytischen Ansatz.

[18]Die Beweise zu 1. - 3. befinden sich in Anhang E, S.221f.

3. *Bias und Varianz der Bayes-Regel sind null.*

4. *Der Bias von C_A ist nicht notwendigerweise kleiner als der Bias von C.*

Betrachtet man die Aussagen 1. und 4. im Zusammenhang mit der fundamentalen Dekomposition, so läßt sich feststellen, daß durch Einsatz einer aggregierten Regel C_A die Varianz zwar null wird, aber der Bias sich derart erhöhen kann, daß der Reduktionseffekt überkompensiert wird und somit $PE(C_A) > PE(C)$ gilt. Die Anwendung von C_A führt also nicht in jedem Fall zur Verringerung des Vorhersagefehlers.

6.3.2.2   Stabile und unstabile Klassifikationsverfahren

Breiman ([17]) stellt nun den Zusammenhang zwischen der Stabilität einer Klassifikationsmethode und dem Bias bzw. der Varianz der entsprechenden Entscheidungsregel her. Dabei kristallisiert sich heraus, daß unstabile Verfahren durch eine hohe Varianz gekennzeichnet sind.

Erhält man mit Hilfe einer Klassifikationsmethode eine große Varianz, so können sich die Zuordnungsregeln $C(\mathbf{x}, \mathcal{L})$ bei Änderung der Lernstichproben sehr stark unterscheiden, und somit ergeben sich u.U. für ein zu klassifizierendes Element $\mathbf{x}$ recht unterschiedliche Vorhersagen. Allerdings können diese Verfahren nahezu unverzerrt sein, wenn die meisten Elemente durch Mehrheitsentscheid der optimalen Klasse zugeordnet werden.

Ist im Gegensatz dazu die Varianz der Regel gering, erhält man bei unterschiedlichen Lernstichproben ähnliche Regeln $C(\mathbf{x}, \mathcal{L})$, die auch von der aggregierten Regel C_A wenig abweichen. Ein Element $\mathbf{x}$ wird also sowohl durch C als auch durch C_A von der Tendenz her der gleichen Klasse zugeordnet. Die entsprechende Klassifikationsmethode ist in diesem Sinne stabil.

Breiman ([17]) begründet die Stabilität eines Verfahrens und damit dessen geringe Varianz damit, daß derartige Methoden nur eine begrenzte Anzahl von Modellen zur optimalen Anpassung der Daten zur Verfügung haben. Die Folge davon kann,

wenn der entsprechende Datensatz innerhalb dieser Modelle nur unzureichend
angepaßt werden kann, ein hoher Bias sein.

Um die erläuterten Zusammenhänge anhand der Klassifikationsverfahren CART,
LDA und LR bzw. der schrittweisen Methoden darzustellen, wird im folgenden
noch einmal auf die Simulationsbeispiele in Kapitel 6.1 zurückgegriffen.

Sowohl für *Ringnorm* als auch für *Threenorm* werden Bias und Varianz geschätzt,
um einerseits die Zusammensetzung der Fehlerrate zu analysieren und andererseits festzustellen, ob das entsprechende Verfahren als unstabile bzw. stabile Methode einzuordnen ist. Die Ergebnisse für CART sind dabei aus Breiman ([17])
entnommen, der ebenfalls mit Hilfe von Monte-Carlo-Simulationen diese Berechnungen durchgeführt hat.

6.3.3 Monte-Carlo-Simulationen zur Bestimmung von Bias und Varianz

Zur Berechnung des geschätzten Bias und der geschätzten Varianz werden für
Ringnorm und *Threenorm* jeweils 101 Lernstichproben mit 300 Elementen und
eine Teststichprobe der Größe 1800 zufällig unabhängig voneinander erzeugt[19].
Dieses ermöglicht die Bildung von 101 Entscheidungsregeln, mit Hilfe derer die
Klassifizierung der Beobachtungen der Teststichprobe erfolgt.

Anhand der schrittweisen logistischen Regression für das *Ringnorm*-Beispiel soll
die Bestimmung von Bias- und Varianz-Schätzwerten ausführlich demonstriert
werden. Die Berechnung der Werte für die restlichen Entscheidungsverfahren erfolgt analog. Die Programmierung wurde für alle Beispiele in SAS/IML durchgeführt. Das Programm befindet sich in Anhang A.4, S.195ff.

Bei der Bestimmung von geschätztem Bias und geschätzter Varianz erhält man
zunächst für jeden Fall **x** der Teststichprobe 101 Klassenvorhersagen $C(\mathbf{x})$. Die

---

[19]Es wurden hier 1800 Elemente in der Teststichprobe benutzt, da Breiman ebenfalls
diese Anzahl verwendet (persönliche Mitteilung vom 23.05.96). Die Ergebnisse sind somit
vergleichbar.

Menge	wahre Klasse		
	richtig erkannt	nicht richtig erkannt	
U	1186	20	$C^*(\mathbf{x})$
B	575	19	
U	83729	38077	$C(\mathbf{x})$
B	22049	37915	

Tabelle 6.6: Anzahl der richtigen (bzw. falschen) Vorhersagen von $C^*(\mathbf{x})$ bzw. $C(\mathbf{x})$

aggregierte Vorhersage $C_A(\mathbf{x})$ wird dann ermittelt, indem man sich für diejenige Klasse entscheidet, die durch $C(\mathbf{x})$ am häufigsten vorhergesagt wird.

Als nächstes muß die Aufteilung der Elemente in die Mengen B und U erfolgen. Dazu wird $C^*(\mathbf{x})$ mit Hilfe der a posteriori-Wahrscheinlichkeiten bestimmt[20], und für jeden Fall verglichen, ob die Bayes-Vorhersage $C^*(\mathbf{x})$ der aggregierten Vorhersage $C_A(\mathbf{x})$ entspricht. Im *Ringnorm*-Beispiel bei schrittweiser logistischer Regression ergab sich für 1206 Elemente bei $C^*(\mathbf{x})$ und $C_A(\mathbf{x})$ die gleiche Klassenvorhersage, so daß diese der Menge U und die restlichen 594 Fälle B zugeordnet werden.

Innerhalb von U und B untersucht man, ob die Bayes-Klassifizierung $C^*(\mathbf{x})$ und jede einzelne Vorhersage $C(\mathbf{x})$ mit der wahren Klassenzugehörigkeit übereinstimmt. Tabelle 6.6 faßt die erhaltenen Ergebnisse zusammen.

Insgesamt erhält man also 181.800 einzelne Vorhersagen $C(\mathbf{x})$, von denen 105.778 die wahre Klasse richtig prognostizieren, und 1.800 Bayes-Klassifizierungen $C^*(\mathbf{x})$, die in 1.761 Fällen mit der richtigen Klassenzugehörigkeit übereinstimmen[21].

Mit Hilfe vorstehender Tabelle 6.6 lassen sich nun leicht der geschätzte Bias und

---

[20]Das ist bei den künstlich generierten Beispielen leicht möglich, da man die zugrundeliegenden Verteilungen kennt.

[21]Die geschätzte Bayes-Fehlerrate liegt hier mit 2,17% höher als die wahre Bayes-Rate, was durch die im Verhältnis zu geringe Anzahl von Lernstichproben bedingt ist.

die geschätzte Varianz von C berechnen. Da

$$\hat{P}_{\mathbf{X},Y}(C^*(\mathbf{X}) = Y, X \in B) = \frac{575}{1800}$$

und

$$\hat{E}_{\mathcal{L}} P_{\mathbf{X},Y}(C(\mathbf{X}, \mathcal{L}) = Y, \mathbf{X} \in B) = \frac{22049}{181800}$$

ergibt sich

$$\widehat{Bias}(C) = 31,94\% - 12,13\% = 19,81\%.$$

Für die geschätzte Varianz erhält man entsprechend auf der Menge U

$$\begin{aligned}\widehat{Var}(C) &= \hat{P}_{\mathbf{X},Y}(C^*(\mathbf{X}) = Y, \mathbf{X} \in U) - \hat{E}_{\mathcal{L}} P_{\mathbf{X},Y}(C(\mathbf{X}, \mathcal{L}) = Y, \mathbf{X} \in U) \\ &= 65,89\% - 46,06\% = 19,83\%.\end{aligned}$$

Die Fehlklassifikationsrate $\widehat{PE}(C)$ läßt sich berechnen durch[22]

$$\begin{aligned}PE(C^*) + \widehat{Bias}(C) + \widehat{Var}(C) &= \widehat{PE}(C) \\ 1,3\% + 19,81\% + 19,83\% &= 40,94\%.\end{aligned}$$

Um eventuell zu einer Reduktion des Vorhersagefehlers zu gelangen, kann die aggregierte Entscheidungsregel eingesetzt werden. Für dieses Beispiel ergibt sich

$$\begin{aligned}\widehat{Bias}(C_A) &= \hat{P}_{\mathbf{X},Y}(C^*(\mathbf{X}) = Y, \mathbf{X} \in B) - \hat{P}_{\mathbf{X},Y}(C_A(\mathbf{X}) = Y, \mathbf{X} \in B) \\ &= \frac{575}{1800} - \frac{19}{1800} = 30,88\%\end{aligned}$$

und $Var(C_A) = 0$, so daß

$$\widehat{PE}(C_A) = 1,3\% + 30,88\% + 0 = 32,18\%.$$

Das bedeutet, obwohl der Bias deutlich von $19,81\%$ auf $30,88\%$ angestiegen ist, erhält man durch Einsatz der aggregierten Regel eine deutliche Verringerung der Fehlerrate gegenüber den Einzelregeln, da die Varianz von C_A null ist.

Tabelle 6.7 zeigt die erhaltenen Simulationsergebnisse für alle Verfahren bei *Ringnorm* im Vergleich. CART hat hier, wie schon in Kapitel 6.2.1 erläutert, mit Abstand die kleinste geschätzte Fehlklassifikationsrate $\widehat{PE}(C)$. Durch die Zerlegung

---

[22]Hier wurde die „wahre" Bayes-Fehlerrate angenommen. Benutzt man $\hat{P}_{\mathbf{X},Y}(C^*(\mathbf{X}) \neq Y) = 2,17\%$, so ergibt sich $\widehat{PE}(C) = 41,81\%$. Dieser Wert kann auch aus der Tabelle durch $\widehat{PE}(C) = \frac{38077}{181800} \cdot 100 + \frac{37945}{181800} \cdot 100$ berechnet werden.

	$\widehat{Bias}(C)$	$\widehat{Var}(C)$	$\widehat{PE}(C)$	$\widehat{Bias}(C_A)$	$\widehat{PE}(C_A)$
CART	1,5%	18,5%	21,4%	2,9%	4,3%
schrittweise LR	19,81%	19,83%	40,94%	30,88%	32,18%
schrittweise LDA	22,96%	16,48%	40,47%	33,17%	34,47%
LR	24,06%	11,98%	37,34%	32,94%	34,24%
LDA	25,36%	11,79%	38,45%	33,33%	34,63%

Tabelle 6.7: *Ringnorm*: Ergebnisse der Bias- und Varianz-Schätzungen

des Vorhersagefehlers erkennt man, daß dessen Höhe hauptsächlich durch die große Varianz $\widehat{Var}(C) = 18,5\%$ bestimmt ist. Der geschätzte Bias ist mit $1,5\%$ sehr gering. Mit Hilfe der schrittweisen LR erhält man in diesem Beispiel den größten Vorhersagefehler $\widehat{PE}(C) = 40,94\%$. Dabei sind die Bias- und Varianz-Schätzwerte ungefähr gleich groß. Sowohl bei der schrittweisen LDA als auch bei LDA und LR mit voller Variablenanzahl ist das Verhältnis von Bias zu Varianz relativ groß, und somit wird die Fehlerrate zu einem erheblichen Anteil vom Bias von C bestimmt.

Bei genauerer Betrachtung der Kennzahlen der aggregierten Regeln $\widehat{Bias}(C_A)$ und $\widehat{PE}(C_A)$, läßt sich zunächst feststellen, daß durch Anwendung dieser Entscheidungsregeln die Fehlklassifikationsraten im Vergleich zur einfachen Regel für alle 5 Verfahren sinken, der Bias aber steigt. Die prozentualen Veränderungen von Fehlerrate und Bias beim Wechsel auf die aggregierte Regel sind in Tabelle 6.8 aufgeführt.

	$\Delta\widehat{Bias}$	$\Delta\widehat{PE}$
CART	+93,33%	-79,9%
schrittweise LR	+55,88%	-21,4%
schrittweise LDA	+44,47%	-14,83%
LR	+36,91%	-8,30%
LDA	+31,43%	-9,33%

Tabelle 6.8: *Ringnorm:* Prozentuale relative Veränderung von $\widehat{Bias}$ und $\widehat{PE}$ bei Anwendung der aggregierten Regel

Den stärksten Bias-Anstieg hat das CART-Verfahren zu verzeichnen. Da $\widehat{Bias}(C)$

	$\widehat{Bias}(C)$	$\widehat{Var}(C)$	$\widehat{PE}(C)$	$\widehat{Bias}(C_A)$	$\widehat{PE}(C_A)$
CART	1,4%	20,9%	32,8%	2,6%	13,1%
schrittweise LR	3,49%	6,44%	20,43%	5,11%	15,61%
schrittweise LDA	4,23%	3,76%	18,49%	6,17%	16,67%
LR	3,83%	3,66%	17,99%	7,11%	17,61%
LDA	2,54%	3,18%	16,22%	3,72%	14,22%

Tabelle 6.9: *Threenorm*: Ergebnisse der Bias- und Varianz-Schätzung

	$\Delta\widehat{Bias}$	$\Delta\widehat{PE}$
CART	+85,71%	-60,06%
schrittweise LR	+46,42%	-23,59%
schrittweise LDA	+45,86%	-9,84%
LR	+85,64%	-2,11%
LDA	+46,46%	-12,33%

Tabelle 6.10: *Threenorm:* Prozentuale relative Veränderung von $\widehat{Bias}$ und $\widehat{PE}$ bei Anwendung der aggregierten Regel

aber nur $1,5\%$ betrug und $Var(C_A) = 0$ gilt, erhält man mit $\Delta\widehat{PE} = -79,9\%$ die größte Verringerung des geschätzten Vorhersagefehlers bei Anwendung von C_A. Bei der schrittweisen logistischen Regression gelingt es immerhin noch, den Fehler um $21,4\%$ zu reduzieren, während bei der LR mit voller Variablenanzahl lediglich eine Verbesserung um $8,3\%$ erreicht wird.

Für die *Threenorm*-Simulationen sind die entsprechenden Ergebnisse in Tabelle 6.9 und 6.10 dargestellt.

Man erkennt, daß das CART-Verfahren hier zwar die höchste geschätzte Fehlerrate $\widehat{PE}(C)$ aufweist, aber durch Anwendung der aggregierten Regel diese um $60,06\%$ reduziert werden kann. Dieses ist darauf zurückzuführen, daß der hohe Varianzwert $\widehat{Var}(C) = 20,9\%$ beim Verwenden von C_A wegfällt, aber gleichzeitig der geringe geschätzte Bias $\widehat{Bias}(C)$ sich – absolut gesehen – nicht sehr stark erhöht. Wie im *Ringnorm*-Beispiel erhält man die zweithöchste Fehlerreduktion $\Delta\widehat{PE}$ mit Hilfe der schrittweisen LR. Auch hier ist dafür der – im Verhältnis zur schrittweisen LDA, LR und LDA – relativ hohe Varianzwert $\widehat{Var}(C) = 6,44\%$ verantwortlich.

Anhand der Simulationsergebnisse soll im folgenden festgestellt werden, ob die 5 Verfahren eher als stabile oder unstabile Methoden einzuordnen sind.

Das CART-Verfahren zählt unumstritten zu den unstabilen Klassifikationsmethoden. Die aus Breiman ([17]) entnommenen Ergebnisse zeigen, daß bei allen Beispielen[23] der Bias von C sehr gering, aber die Varianz entsprechend hoch ist.

Die lineare Diskriminanzanalyse läßt sich hingegen als sehr stabiles Verfahren bezeichnen. Sie weist bei beiden Beispielen die geringsten Varianzwerte $\widehat{Var}(C)$ auf. Der hohe geschätzte Vorhersagefehler $\widehat{PE}(C)$ bei *Ringnorm* ist also auf den sehr hohen Bias-Wert $\widehat{Bias}(C) = 25,36\%$ zurückzuführen. Da bei Verwendung der aggregierten Regel C_A lediglich die Varianz (auf den Wert 0) reduziert wird, erreicht man bei stabilen Verfahren, wie LDA, keine großen Fehlerratensenkungen. Für die logistische Regression gelten die gleichen Schlußfolgerungen wie für LDA. Auch dieses Verfahren ist eindeutig stabil mit geringen Varianzwerten $\widehat{Var}(C)$.

Betrachtet man die schrittweisen Verfahren, so läßt sich feststellen, daß $\widehat{Var}(C)$ in beiden Beispielen höher als bei den entsprechenden Verfahren ohne Variablenauswahl ist. Dies wird besonders bei der schrittweisen LR deutlich. Die durch Aggregation erreichte Fehlerreduktion ist hier allerdings lange nicht so groß wie bei CART. Das ist wiederum die Folge davon, daß auch $\widehat{Bias}(C)$ hohe Werte annimmt.

In Kapitel 6.3.2.2 wurde bereits erläutert, daß bei stabilen Verfahren nur eine sehr begrenzte Anzahl von Entscheidungsmodellen zur Anpassung der Lerndaten zur Verfügung stehen. Durch die Anwendung schrittweiser Methoden wird diese Zahl nun aber erheblich ausgedehnt. Die Folge davon ist eine große Varianz. Insofern kann man also auch die schrittweisen Verfahren zu den unstabilen Klassifikationsmethoden zählen.

Allerdings spielt bei der schrittweisen Auswahl auch die Anzahl der ins Modell

---

[23]Breiman berechnet $\widehat{Bias}$ und $\widehat{Var}$ ebenfalls für *Twonorm* und für ein 3-Gruppen-Beipiel *Waveform*, daß bereits in Breiman et al. ([19]) zu Simulationszwecken verwendet wurde.

aufgenommenen Variablen eine große Rolle. Werden nahezu alle Variablen einbezogen, so erhält man (sehr) ähnliche Ergebnisse wie bei den entsprechenden Verfahren mit voller Variablenanzahl, die ja den stabilen Methoden zugeordnet wurden.

Außerdem kann es sein, daß auch bei variierenden Lernstichproben immer wieder die gleichen Variablen ins Modell aufgenommen werden. Auch in diesem Fall wird die Folge eine relativ geringe Varianz sein.

Eine allgemeingültige Zuordnung „stabil" oder „unstabil" ist für die schrittweisen Verfahren also nicht ohne weiteres möglich.

Im *Threenorm*-Beispiel wurden im Durchschnitt für die schrittweise LR 16, für die schrittweise LDA sogar 17 Variablen in die Entscheidungsmodelle aufgenommen. Betrachtet man noch einmal Tabelle 6.9 so wird deutlich, daß sich – zumindest beim Vergleich von schrittweiser linearer Diskriminanzanalyse mit dem vollen Modell – die Werte $\widehat{Var}(C)$ für beide Verfahren nur sehr geringfügig unterscheiden, und somit die schrittweise Auswahl hier eher stabile Entscheidungsregeln liefert.

6.3.4 Alternative Definitionen von Bias und Varianz

Bevor Breiman seine Definition von Bias und Varianz für Klassifikationsprobleme, wie in Kapitel 6.3.2.1 dargestellt, festlegte, definierte er in einer früheren Version des Technischen Reports ([17]) diese Begriffe wie folgt:

$$Bias(C) \quad := \quad PE(C_A) - PE(C^*) \qquad (6.9)$$

$$Var(C) \quad := \quad PE(C) - PE(C_A). \qquad (6.10)$$

Auch diese Definitionen führen zur fundamentalen Zerlegung des Vorhersagefehlers mit

$$PE(C) = PE(C^*) + Bias(C) + Var(C).$$

Allerdings besteht in (6.10) die Möglichkeit, daß $PE(C_A) > PE(C)$ und somit die Varianz von C negativ wird ([74]).

Eine weitere Definition entwickelt schließlich Tibshirani ([110]) mit Hilfe von sogenannten *loss functions*:

$$Bias(C) = PE(C_A) - PE(C^*) \qquad (6.11)$$

$$Var(C) = P(C \neq C_A). \qquad (6.12)$$

Auch hier ist wieder die fundamentale Dekomposition von $PE(C)$ möglich. $Var(C)$ ist allerdings immer nicht-negativ.

6.3.5 Bagging und Arcing als Methoden der Varianzreduktion

In Kapitel 6.3.3 wurde gezeigt, daß es möglich ist, durch aggregierte Entscheidungsregeln, die mit Hilfe von unabhängig voneinander erzeugten Lernstichproben gewonnen wurden, den Vorhersagefehler zu verringern. Die Reduktion des Fehlers kann man darauf zurückführen, daß für die aggregierte Regel $Var(C_A) = 0$ gilt.

Bei realen Datensätzen ist die Generierung unabhängiger Wiederholungen von $\mathcal{L}$ nicht möglich. Allerdings lassen sich mit Hilfe der Erzeugung von Bootstrap-Stichproben aus $\mathcal{L}$ ebenfalls multiple Entscheidungsregeln konstruieren, deren Anwendung möglicherweise zu einer Verringerung der Fehlklassifikationsrate führt.

Im folgenden werden zunächst zwei Ansätze diskutiert, die durch wiederholte Reproduktion von $\mathcal{L}$ und damit der Kombination vieler einzelner Regeln obengenannte Fehlreduktion bei unstabilen Klassifikationsverfahren gewährleisten können.

In Kapitel 6.3.5.3 soll abschließend die Wirkungsweise beider Algorithmen anhand eines realen Beispieldatensatzes auf Basis der schrittweisen logistischen Regression untersucht und die erzielten Ergebnisse mit den von Breiman ([17]) durch CART erhaltenen Resultaten verglichen werden.

6.3.5.1 Bagging

Die Idee des von Breiman ([16]) entwickelten Verfahrens *bootstrap aggregating* (kurz: Bagging) besteht darin, mit Hilfe einer gegebenen Lernstichprobe $\mathcal{L}$ multiple Entscheidungsregeln zu erzeugen, und diese zu einer aggregierten Regel zusammenzufassen. Die Vorgehensweise wird nachfolgend kurz beschrieben.

Die Lernstichprobe $\mathcal{L}$ bestehe aus N Elementen. Jeder Beobachtung n ($n = 1, ..., N$) wird die gleiche Wahrscheinlichkeit $p(n) = \frac{1}{N}$ zur Auswahl zugewiesen. Nun zieht man eine Stichprobe $\mathcal{L}'$ vom Umfang N mit Zurücklegen aus $\mathcal{L}$. In der neuen Stichprobe sind evtl. einige Elemente aus $\mathcal{L}$ mehrfach und andere Beobachtungen gar nicht vorhanden. $\mathcal{L}'$ nennt man Bootstrap-Stichprobe von $\mathcal{L}$ ([17]).

Diese Generierung von neuen Stichproben wird nun T mal wiederholt, so daß man eine Reihe von unabhängigen quasi-Reproduktionen von $\mathcal{L}$ erhält. Mit Hilfe dieser T Bootstrap-Stichproben lassen sich dann T Entscheidungsregeln (basierend auf einem beliebigen Klassifikationsverfahren) konstruieren, bei denen die $\mathcal{L}'_t$ ($t = 1, ..., T$) jeweils als neue Lernstichproben dienen.

Die Klassifizierung eines beliebigen Elementes $\mathbf{x}$ erfolgt schließlich durch Mehrheitsentscheid. Man ordnet $\mathbf{x}$ derjenigen Klasse zu, die durch die T Regeln am häufigsten vorhergesagt wird.

Betrachtet man noch einmal die Ausführungen in Kapitel 6.3.2.1 bezüglich der aggregierten Regel C_A, so wird leicht verständlich, welchen Grundgedanken das beschriebene Verfahren verfolgt. Durch die Generierung und Kombination der unabhängigen Bootstrap-Stichproben soll die aggregierte Entscheidungsregel C_A bei nur einer zur Verfügung stehenden Lernstichprobe $\mathcal{L}$ imitiert werden, um so schließlich zu einer Varianzreduktion bei Anwendung von Bagging zu gelangen. Hat man die gewünschte Varianzreduktion erreicht, so resultiert daraus wiederum ein geringerer Vorhersagefehler. Aufgrund der Argumentationsweise in Kapitel 6.3.2.1 ist nun auch sofort plausibel, daß der Grad der Instabilität des zugrundeliegenden Klassifikationsverfahrens maßgeblich den Erfolg dieser Vorgehensweise bestimmt.

Breiman ([17], [16]) erzielte in zahlreichen Testbeispielen durch die Verwendung von Bagging erhebliche Verringerungen der Fehlerraten im Vergleich mit der von CART aufgestellten Einzelregel. Diese Ergebnisse sind letztendlich darauf zurückzuführen, daß CART zu den unstabilen Methoden zählt.

Breiman ([17]) zeigt, daß neben der Instabilität eine weitere Voraussetzung an die Anwendung von Bagging geknüpft ist. Das zugrundeliegende Klassifikationsverfahren muß tendenziell – über viele Lernstichproben hinweg betrachtet – die richtige Klasse häufiger als jede andere Klasse vorhersagen (siehe auch [97]). Verfahren, die diese Eigenschaft besitzen, können durch Aggregation in fast optimale[24] Regeln umgewandelt werden. Ist obige Voraussetzung allerdings nicht erfüllt, so führt die ohnehin schon „schlechte" Regel durch Bagging zu noch höheren Fehlerraten.

Es stellt sich die Frage, wieviel Bootstrap-Stichproben generiert werden sollen, um zufriedenstellende Ergebnisse zu erhalten. Breiman ([16]) zeigt dazu anhand von Simulationen, daß die größte Reduktion des Fehlers bereits innerhalb von $T = 10$ Bootstrap-Wiederholungen erzielt werden kann. Diese Anzahl hat allerdings keinen allgemeingültigen Charakter, und so sollte von Fall zu Fall über die Größe von T entschieden werden.

In diesem Zusammenhang spielt auch ein weiteres Problem, die Rechengeschwindigkeit, eine Rolle. Die Rechnerzeiten ver-T-fachen sich bei Anwendung von Bagging[25]. Quinlan ([97]) weist allerdings darauf hin, daß die Erhöhung der Schätzgenauigkeit die Kosten der Rechengeschwindigkeit in vielen Fällen mehr als aufwiegen kann.

Zum Schluß sei noch auf den Interpretationsverlust bei der Auswertung des Klassifikationsergebnisses hingewiesen. Durch die Anwendung von kombinierten Entscheidungsregeln geht z.B. bei baumstrukturierten Verfahren wie CART die einfache, anschauliche Ergebnisform, die man bei Verwendung der einfachen Regeln im allgemeinen erhält, verloren ([16]).

---

[24]Im Sinne der Bayes-Regel.
[25]Auf Parallelrechner trifft diese Feststellung nicht zu.

6.3.5.2 Arcing

Ein zweiter Ansatz zur Verbesserung der Genauigkeit des Vorhersagefehlers ist der von Freund und Schapire ([38]) entwickelte Algorithmus Arcing (*Adaptive Resampling and Combining*). Ursprünglich verfolgten die Autoren hierbei das Ziel, den Lernstichprobenfehler auf null zu reduzieren. Es zeigt sich jedoch, daß der Algorithmus ebenfalls zur Reduzierung des Teststichprobenfehlers geeignet ist.

Die intuitive Idee von Arcing ist, diejenigen Elemente, die fehlklassifiziert werden, für die nächste Bootstrap-Stichprobe mit höherer Wahrscheinlichkeit auszuwählen, als die Beobachtungen, die der richtigen Klasse zugeordnet werden ([17]).
Dazu bedient sich der Algorithmus einer sequentiellen Struktur, d.h. die auf einer Stufe konstruierte Entscheidungsregel ist abhängig von der erstellten Regel der Vorstufe.

In der ersten Iteration erfolgt die Auswahl der Beobachtungen für die Bootstrap-Stichprobe wie bei Bagging. Alle Elemente von $\mathcal{L}$ haben die gleiche Wahrscheinlichkeit $p(n) = \frac{1}{N}$, in die Auswahl zu gelangen. Mit Hilfe dieser – wiederum mit Zurücklegen gezogenen – Stichprobe $\mathcal{L}'_{(1)}$ vom Umfang N wird die erste Entscheidungsregel C_1 konstruiert. Anschließend klassifiziert man die Fälle aus $\mathcal{L}$ durch diese Regel und stellt fest, welche Beobachtungen der falschen Klasse zugeordnet werden. Diesen Elementen soll jetzt eine höhere Wahrscheinlichkeit $p(n)$, in die nächste Bootstrap-Stichprobe zu gelangen, zugeordnet werden.
Basierend auf diesen neuen Wahrscheinlichkeiten wird in der zweiten Iteration eine Stichprobe $\mathcal{L}'_{(2)}$ und die zugehörige Entscheidungsregel erzeugt. Die Ziehungswahrscheinlichkeiten werden wiederum für die nächste Iteration anhand der fehlklassifizierten Lernstichprobenelemente neu festgelegt. So fährt man fort, bis eine vorgegebene Anzahl von Entscheidungsregeln T erreicht ist.

Bei der Anpassung der Wahrscheinlichkeiten geht man in jeder Iteration t ($t = 1, ..., T$) wie folgt vor:

Sei

$$d(n) = \begin{cases} 1, & \text{wenn die n-te Beobachtung der falschen Klasse zugeordnet wird} \\ 0 & \text{sonst} \end{cases}$$

und $\varepsilon_t = \sum_n p(n)d(n)$

bzw. $\beta_t = \frac{(1-\varepsilon_t)}{\varepsilon_t}$.

Dann ist die Wahrscheinlichkeit für ein Element n in die $(t+1)$-te Bootstrap-Stichprobe zu gelangen:

$$\frac{p(n)\beta_t^{d(n)}}{\sum_n p(n)\beta_t^{d(n)}}.$$

Der Faktor β_t, der über ε_t von der Fehlklassifikationsrate abhängt, ist um so größer je kleiner der geschätzte Fehler ist.

Ein durch C_t fehlklassifiziertes Element erhält die Gewichtung $p(n) \cdot \beta_t$. Für alle der richtigen Klasse zugeordneten Beobachtungen legt man das Gewicht lediglich mit $p(n)$ fest. Wird jedes Gewicht durch die Summe aller Gewichte dividiert, so ergeben sich schließlich die neuen Wahrscheinlichkeiten der einzelnen Beobachtungen für die nächste Stichprobenziehung ([17]).

Nachdem die T Entscheidungsregeln in der beschriebenen Weise konstruiert wurden, folgt die Aggregation aller C_t $(t = 1, ..., T)$. Dabei erhält jede Regel das Gewicht $\log(\beta_t)$. Ein zu klassifizierendes Element wird dann mit Hilfe des so gewichteten Mehrheitsentscheids einer der Klassen zugeordnet.

Ein Problem bei der Durchführung des Algorithmus ergibt sich immer dann, wenn $\varepsilon_t \geq 0,5$ bzw. $\varepsilon_t = 0$. Im erstgenannten Fall erhält man $\beta_t \leq 1$ und somit werden die angepaßten Gewichte für die fehlklassifizierten Elemente kleiner. Bei $\varepsilon_t = 0$ ist β_t nicht definiert. Bei beiden Degenerationen empfiehlt Breiman ([17]), die Wahrscheinlichkeiten für jedes n auf $p(n) = \frac{1}{N}$ zurückzusetzen und neu bei der ersten Iteration zu beginnen.

Der beschriebene Arcing-Algorithmus wird nach Freund und Schapire auch Arc-fs genannt ([17]). Eine Modifikation des Verfahrens bei der Festlegung der Wahrscheinlichkeiten in jeder Iteration führt zu Arc-X4, welches 1996 von Breiman ([17]) entwickelt wurde.

Dabei stellt man in jeder Iteration t die Anzahl der Fehlklassifikationen $m(n)$ des n-ten Elements aus $\mathcal{L}$ durch die bereits erzeugten Regeln $C_1, ..., C_t$ fest. Die neu festzusetzenden Wahrscheinlichkeiten für die $(t+1)$-te Bootstrap-Stichprobe sind

$$\frac{1 + m(n)^4}{\sum_n (1 + m(n)^4)}.$$

Die Klassifizierung eines Elementes erfolgt nach Kombination der T Entscheidungsregeln C_t $(t = 1, ..., T)$ durch einfachen Mehrheitsentscheid.

Breiman ([17]) weist in diesem Zusammenhang darauf hin, daß der Erfolg der Arcing-Algorithmen nicht so sehr durch seine individuelle Form, als vielmehr durch die Eigenschaft, häufiger fehlklassifizierten Elementen höhere Gewichte zuzuordnen, bedingt ist. Deshalb kann auch jede andere Gewichtszuweisung, z.B. $1 + m(n)^h$ $(h = 1, 2, ...)$, zur Anpassung der neuen Wahrscheinlichkeiten gewählt werden. Allerdings ist die Auswirkung auf die Höhe des Vorhersagefehlers in der Literatur bisher nicht weiter untersucht worden.

Wie bei Bagging ist auch für den Erfolg von Arcing die Instabilität des zugrundeliegenden Klassifikationsverfahrens unabdingbare Voraussetzung. Breiman ([17]) errechnet anhand der künstlich generierten Simulationsbeispiele *Twonorm*, *Ringnorm* und *Threenorm* sowohl den geschätzten Bias als auch die geschätzte Varianz bei Einsatz von Bagging und Arcing auf Basis des Klassifikationsverfahrens CART. Es läßt sich feststellen, daß beide Algorithmen wesentlich zur Varianzreduktion beitragen, der Bias sich aber kaum verändert.

Bei der Verwendung der LDA zeigt Breiman ([17]) mit Hilfe von realen Datensätzen, daß sich durch Bagging und Arcing der Teststichprobenfehler im allgemeinen nicht verringern läßt. Die Ergebnisse lassen sich mit der Stabilität dieser Klassifikationsmethode begründen.
Hier werden bei unterschiedlichen Bootstrap-Stichproben immer die gleichen Elemente fehlklassifiziert. Das führt dazu, daß beim Einsatz von Arc-fs diese Beobachtungen in jeder Iteration ein höheres Gewicht erhalten und somit der (gewichtete) Lernstichprobenfehler ansteigt. Folge davon ist wiederum, daß ε_t wächst und den Wert $0,5$ überschreitet, so daß die Wahrscheinlichkeiten auf $p(n) = \frac{1}{N}$ zurückgesetzt werden müssen.

Bei den von Breiman ([17]) verwendeten Datensätzen erhält man $\varepsilon_t \geq 0,5$ im Mittel nach jeder 7. Iteration, wenn Arc-fs auf Basis der LDA durchgeführt wird. Bei Verwendung von CART hingegen ist nur äußerst selten ein Neubeginn erforderlich.

Bei der Untersuchung von Arcing stellten sowohl Quinlan ([97]) als auch Breiman ([17]) fest, daß in einigen kleineren Datensätzen der Teststichprobenvorhersagefehler bei Verwendung der kombinierten Entscheidungsregeln gegenüber der einfachen Regel ansteigt. Als Begründung für diese Degeneration kann man vermuten ([17]), daß sich im Datensatz einige Ausreißer befinden. Diese Elemente werden sehr häufig fehlklassifiziert, so daß ihre Wahrscheinlichkeit in die Stichprobe zu gelangen, immer weiter ansteigt. Die Modellbildung hängt also bei vielen Iterationen sehr stark von diesen Ausreißern ab; die anderen Beobachtungen haben im Verhältnis dazu nur sehr wenig Einfluß. Dieses kann bei kleinen Datensätzen zu der Erhöhung der Fehlerrate gegenüber der Einzelregel führen. Bei Verwendung von Bagging kann das nicht passieren, da in jeder Bootstrap-Stichprobe alle Elemente das gleiche Gewicht erhalten. Es bleibt allerdings zu überlegen, ob Arcing durch die genannte Eigenschaft als Instrument zur Aufdeckung von Ausreißern verwendet werden kann und somit durch Herausnahme immer wieder falsch klassifizierter Beobachtungen die Klassifikationsgüte verbessert werden kann.

Herausragende Fähigkeiten besitzt der Arcing-Algorithmus bei der Reduktion des Lernstichprobenfehlers. So zeigt Breiman ([17]) anhand seiner Beispiele, daß bei Verwendung des Verfahrens im Mittel nach 5 Iterationen der Lernstichprobenfehler null wird. Allerdings ist zu diesem Zeitpunkt der Teststichprobenfehler noch relativ hoch, so daß der Algorithmus fortgestzt werden sollte.

Am Schluß sei noch erwähnt, daß die Implementierung von Arcing wegen der sequentiellen Struktur wesentlich mehr Schwierigkeiten bereitet als die von Bagging. Auch die Verwendung von Parallelrechnern zur Verringerung der Rechenzeit ist hier nicht möglich.

6.3.5.3 Simulationsergebnisse: Bagging und Arcing

In diesem Kapitel sollen anhand eines Beispieldatensatzes die Klassifikationsergebnisse der schrittweisen logistischen Regression als Einzelentscheidungsregel mit denen von Arc-fs, Arc-X4 und Bagging als multiple Regeln verglichen werden. Auf die Anwendung der LDA und LR mit voller Variablenanzahl wurde verzichtet, da beide Verfahren stabile Klassifikationsmethoden darstellen, und somit durch die kombinierten Regeln eine Verbesserung der Resultate unwahrscheinlich ist (siehe Kapitel 6.3.3). Bei der Verwendung kombinierter Regeln auf Basis der schrittweisen LDA erhält man vermutlich ähnliche Ergebnisse wie bei der schrittweisen LR. Deshalb und wegen der großen Implementierungsschwierigkeiten innerhalb von SAS wurde auch darauf verzichtet. Der Einsatz von Arcing und Bagging im Rahmen der CART-Analyse wird für das vorliegende Beispiel bereits von Breiman ([17]) vorgenommen.

Der zu untersuchende Datensatz *Ionosphere* stammt aus dem UCI-Magazin[26], indem einige Klassifikationsbeispiele mit kurzer Variablenbeschreibung öffentlich zugänglich zu finden sind und somit in zahlreichen Veröffentlichungen Verwendung finden.

Bei *Ionosphere* handelt es sich um Radardaten, die von der Space Physics Group an der John Hopkins Universität in Maryland erhoben wurden. Der Datensatz besteht aus 351 Elementen mit 34 Variablen $v1, ..., v34$. Eine der beiden vorgegebenen Klassen enthält alle Beobachtungen, die eine irgendwie geartete Struktur in der Ionosphäre besitzen (226 Elemente), die Elemente der anderen Klasse weisen keine Struktur auf (125 Elemente). Weitere Details zum Datensatz befinden sich im Anhang C, S.214f.

Bei Anwendung der logistischen Regression traten Schwierigkeiten bezüglich der Variablen $v1$ auf. Bereits bei Voruntersuchungen kristallisierte sich heraus, daß die Einbeziehung dieses Merkmals in das Modell sehr häufig zur quasi-totalen Aufteilung des Stichprobenraums führt. Deshalb wird $v1$ für die folgende Untersuchung beim Modellaufbau außer acht gelassen. Das führt allerdings dazu, daß

---

[26]UCI: University of California, Irvine; die Datensätze können via Internet abgerufen werden: ftp ics.uci.edu/pub/machine-learning-databases.

die erhaltenen Ergebnisse für diesen Datensatz nicht direkt mit denen von Breiman ([17])[27] zu vergleichen sind, da die Variable $v1$ u.U. einen wichtigen Beitrag zur Trennung der Gruppen leistet.

Zunächst wird zur Errechnung der kombinierten Entscheidungsregeln die Gesamtstichprobe zufällig zehnmal in Lern- und Teststichprobe aufgeteilt. Die Teststichprobe umfaßt dabei jeweils ca. 30% aller Elemente, ca. 70% der Beobachtungen bilden die Lernstichprobe. Für jede der zehn Aufteilungen wird mit Hilfe der schrittweisen LR das jeweilige Klassifikationsmodell an die Lernstichprobendaten angepaßt und die Elemente der Teststichprobe werden anschließend klassifiziert.

Zur Durchführung von Bagging sollen hier zehnmal 35 Bootstrap-Stichproben, die mit gleichen Wahrscheinlichkeiten für alle Elemente der jeweiligen Lernstichprobe gezogen wurden, dienen. Mit Hilfe dieser Stichproben bildet man für jede der 10 Aufteilungen 35 Klassifikationsmodelle. Schließlich erfolgt die Klassifizierung aller Beobachtungen sowohl aus der Lern- als auch aus der Teststichprobe für jedes Modell. Durch Mehrheitsentscheid wird jedem Element die vorhergesagte Klasse zugewiesen. Die Test- bzw. Lernstichprobenfehlerrate erhält man als Anteil der fehlklassifizierten Elemente.

Zur Bildung der kombinierten Entscheidungsregeln mit Hilfe von Arcing werden zunächst die Ziehungswahrscheinlichkeiten für alle Lernstichprobenelemente gleich gesetzt. Anhand der gezogenen Bootstrap-Stichprobe erfolgt anschließend die Modellanpassung, die Klassifizierung der Lernstichprobenbeobachtungen und daraus die Festlegung der Wahrscheinlichkeiten für die nächste Iteration (siehe Kap. 6.3.5.2).

Die Verfahrensschritte werden in diesem Beispiel solange wiederholt, bis 35 Klassifizierungsmodelle entwickelt sind. Dies ist in allen 10 Simulationen bei Arc-fs erst nach weit mehr als 35 Iterationen der Fall, da $\varepsilon_t \geq 0,5$ häufig zum Neubeginn mit gleichen Wahrscheinlichkeiten führt. Wie in Kapitel 6.3.5.2 beschrieben, erfolgt der gewichtete bzw. ungewichtete (bei Arc-X4) Mehrheitsentscheid zur Klassifizierung der Teststichprobenelemente[28].

---

[27]Hier wurden alle Variablen in die Untersuchung einbezogen, da bei CART die genannten Probleme nicht bestehen.

[28]Ein Auszug aus dem zugrundeliegenden SAS/IML Programm findet man in Anhang A.5,

Aufteilung d. Stichprobe	schrittw. LR ($\hat{\epsilon}_{RS}$)	Variablen	Arc-fs ($\hat{\epsilon}_{RS,mult}$)	Arc-X4 ($\hat{\epsilon}_{RS,mult}$)	Bagging ($\hat{\epsilon}_{RS,mult}$)
1	11,51%	7	5,56% (4)	8,33%	8,33%
2	12,81%	8	2,50% (5)	5,37%	7,85%
3	11,38%	11	2,85% (2)	4,47%	6,10%
4	13,30%	8	3,86% (3)	5,58%	8,58%
5	9,30%	11	1,94% (1)	6,20%	7,75%
6	11,51%	7	7,14% (5)	7,54%	7,14%
7	10,74%	13	0,41% (3)	3,33%	8,26%
8	10,84%	12	2,01% (3)	5,02%	8,43%
9	14,66%	7	3,02% (2)	6,47%	10,34%
10	12,02%	13	5,04% (4)	6,98%	8,14%
$M\hat{\epsilon}_{RS}$	11,81%				
$M\hat{\epsilon}_{RS,mult}$			3,43%	5,93%	8,09%

Tabelle 6.11: Fehlerraten der Lernstichproben bei Kombination von 35 Entscheidungsregeln

In den Tabellen 6.11 und 6.12 sind die Ergebnisse der Fehlerratenschätzungen aller 10 Aufteilungen von Lern- und Teststichprobe sowohl bei einfacher Regelbildung als auch bei Kombination von 35 Entscheidungsmodellen gegenübergestellt.

In der dritten Spalte ist hier die Anzahl der Variablen angegeben, die bei einfacher schrittweiser LR zum Modellaufbau benutzt wurden. Die Zahlen in Klammern in der 4. Spalte geben an, wie häufig $\epsilon_t \geq 0,5$ bei Arc-fs zum Neustart des Algorithmus führte.

Die beiden letzten Zeilen zeigen jeweils die mittleren geschätzten Teststichproben- bzw. Lernstichprobenfehlerraten bei einfacher und multipler Regelbildung über alle 10 Aufteilungen.

Zunächst läßt sich feststellen, daß die mittleren Gesamtfehlerraten $M\hat{\epsilon}_{RS,mult}$ und $M\hat{\epsilon}_{TS,mult}$ für alle multiplen Entscheidungsregeln geringer sind als bei Verwendung der Einzelregel ($M\hat{\epsilon}_{RS}$ und $M\hat{\epsilon}_{TS}$).

S.198ff.

Aufteilung d. Stichprobe	schrittw. LR $(\hat{\epsilon}_{TS})$	Variablen	Arc-fs $(\hat{\epsilon}_{TS,mult})$	Arc-X4 $(\hat{\epsilon}_{TS,mult})$	Bagging $(\hat{\epsilon}_{TS,mult})$
1	14,14%	7	16,16% (4)	17,17%	14,14%
2	17,43%	8	17,43% (5)	21,10%	17,43%
3	21,9%	11	19,05% (2)	18,10%	17,14%
4	15,25%	8	15,25% (3)	11,86%	16,10%
5	20,43%	11	15,05% (1)	17,20%	19,35%
6	14,14%	7	13,13% (5)	17,17%	15,15%
7	16,51%	13	20,13% (3)	18,35%	16,51%
8	17,65%	12	12,75% (3)	15,69%	14,71%
9	20,17%	7	15,13% (2)	15,97%	13,45%
10	15,05%	13	15,05% (4)	16,13%	15,05%
$M\hat{\epsilon}_{TS}$	17,27%				
$M\hat{\epsilon}_{TS,mult}$			15,91%	16,88%	15,90%

Tabelle 6.12: Fehlerraten der Teststichproben bei Kombination von 35 Entscheidungsregeln

Vergleicht man in Tabelle 6.12 die für jede Aufteilung der Stichprobe erhaltenen Teststichprobenschätzwerte unter Verwendung der einfachen Regel $\hat{\epsilon}_{TS}$ mit denen bei Anwendung der kombinierten Modellbildung $\hat{\epsilon}_{TS,mult}$, so läßt sich erkennen, daß Arc-fs nur in 8 von 10 Aufteilungen zu geringeren bzw. gleichhohen Fehlerraten führt, während in 2 Aufteilungen sogar schlechtere Ergebnisse erzielt werden. In diesem Zusammenhang ist die Anzahl der Neustarts bei den einzelnen Aufteilungen interessant. Tendenziell führen hier Stichproben, bei denen $\varepsilon_t \geq 0,5$ seltener vorkommt, zu einer größeren Verringerung der Fehlerrate gegenüber der Einzelregel. Ganz allgemein ist die Häufigkeit der Neustarts in diesem Beispiel sicherlich schon ein Indiz dafür, daß die schrittweise logistische Regression als Einzelregel relativ stabile Klassifikationsergebnisse liefert (siehe Kapitel 6.3.5.2).

Die Anwendung von Arc-X4 führt hier sogar in der Hälfte der Aufteilungen bei der Errechnung des Vorhersagefehlers der Teststichproben zu schlechteren Ergebnissen als die einfache Regel, obwohl insgesamt ($M\hat{\epsilon}_{TS,mult}$) noch eine leicht geringere Fehlerrate zu verzeichnen ist.

Mit Hilfe von Bagging hingegen erhält man wiederum in 8 der 10 Aufteilungen kleinere oder gleich hohe geschätzte Fehlerraten. Bei den restlichen 2 Aufteilungen ist diese allerdings nur geringfügig höher.

Betrachtet man die Fehlerraten, die sich bei der Klassifizierung der Lernstich-proben[29] (Tabelle 6.11) ergeben, so läßt sich erkennen, daß für jede Aufteilung der Stichprobe alle drei multiplen Entscheidungsregeln zu geringeren geschätzten Vorhersagefehlern führen als die einfache Regel. Besonders bei Arc-fs werden die Lernstichprobenelemente sehr gut klassifiziert, die mittlere Fehlerrate liegt nur bei $M\hat{\epsilon}_{RS,mult} = 3,43\%$.

Die Anzahl der ausgewählten Variablen sollten evtl. einen zusätzlichen Hinweis auf die Stabilität der Einzelregeln geben (siehe Kapitel 6.3.5.2). Hier werden im Durchschnitt nur ca. 10 der 34 für die Analyse relevanten Variablen ins Modell aufgenommen. Aufgrund dieser Variablenanzahl kann man in diesem Beispiel zumindest die Instabilität der einfachen schrittweisen LR nicht gänzlich ausschlie-ßen.

Zusammenfassend läßt sich also feststellen, daß die von Breiman ([17]) untersuch-ten Eigenschaften der kombinierten Regeln auch bei Anwendung auf die schritt-weise LR im großen und ganzen zutreffen. Arc-fs ist ein sehr gutes Instrument zur Reduktion der Lernstichprobenfehlerrate, kann aber durchaus in manchen Fällen bei Klassifizierung der Teststichprobe zu schlechteren Vorhersageergebnis-sen im Vergleich mit der Einzelregel führen. Die Verwendung von Bagging liefert im allgemeinen kleinere oder zumindest vergleichbar hohe Fehlerraten.

Voraussetzung für die Reduktion des Vorhersagefehlers der Teststichprobe bleibt allerdings bei allen kombinierten Regeln die Instabilität des zugrundeliegenden Klassifikationsverfahrens. In diesem Beispiel wird durch Anwendung der mul-tiplen Regeln auf Basis der schrittweisen logistischen Regression der mittlere geschätzte Teststichprobenfehler verringert. Allerdings weist zumindest die An-zahl der Neustarts bei Arc-fs auf die Stabilität der Einzelregeln hin, so daß auf Basis von unstabilen Klassifikationsverfahren, wie z.B. CART, größere Verbesse-rungsmöglichkeiten bestehen können.

---

[29]Diese werden hier bei den kombinierten Regeln mit $\hat{\epsilon}_{RS,mult}$ bezeichnet, obwohl sie eigent-lich keine echten Resubstitutionsschätzer im klassischen Sinne darstellen.

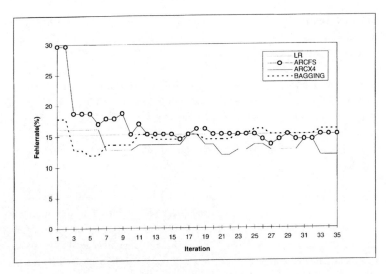

Abbildung 6.21: *Simulation 4*

Breiman ([17]) erzielt beim Datensatz *Ionosphere* mit Hilfe von Bagging (bei CART als Einzelregel) eine Reduktion des Teststichprobenfehlers von 11,2% auf 7,9% bei Generierung von 50 Entscheidungsregeln[30]. Bei Verwendung von Arc-fs und Arc-X4 fällt die Reduktion auf 6,4% bzw. 6,3% sogar noch drastischer aus.

Um besser beurteilen zu können, ob 35 Kombinationen von Entscheidungsregeln ausreichend bzw. sogar „übertrieben" sind, wird in Abbildung 6.21 und 6.22 die geschätzte Fehlerrate der Teststichprobe in Abhängigkeit von der Anzahl der kombinierten Entscheidungsregeln für die 4. bzw. 7. Aufteilung von Lern- und Teststichprobe detailliert dargestellt. Die entsprechenden Darstellungen für die restlichen 8 Aufteilungen sind in Anhang D, S.216ff zu finden.

Betrachtet man Abbildung 6.21, so läßt sich zunächst erkennen, daß die prozentuale Fehlerrate, die sich unter Verwendung von Arc-fs ergibt, in der ersten und zweiten Iteration außergewöhnlich hoch im Vergleich zur Einzelregel (LR) ist.

---

[30]Es sei noch einmal darauf hingewiesen, daß bei Breiman ([17]) alle relevanten Variablen in die Analyse einbezogen werden. Außerdem bilden dort nur 10% aller Beobachtungen die Teststichprobe.

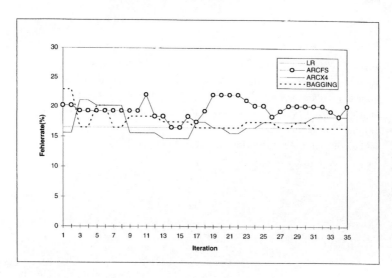

Abbildung 6.22: *Simulation 7*

Die Modellbildung mit Hilfe der Bootstrap-Stichproben bei Bagging und Arc-X4 führt hingegen zu ähnlichen Vorhersagefehlern wie die einfache Regel. Nach Kombination von 12 Entscheidungsmodellen bereits gelangt man bei Arc-fs und Bagging zu ungefähr gleichbleibenden Fehlerraten, die sich bei dieser Aufteilung in der Größenordnung des Fehlers der Einzelregeln bewegen. Arc-X4 hingegen weist weniger stabile Schätzergebnisse auf. Allerdings wird hier schon nach 7 Iterationen der Wert der prozentualen Fehlerrate der schrittweisen LR unterschritten und innerhalb der restlichen Iterationen bleibt der geschätzte Fehler geringer (bzw. in der 17. und 18. Iteration gleich hoch) als bei der einzelnen Regel.

In Abbildung 6.22 zeigt sich eine ganz andere Struktur. Während sich die Schätzergebnisse von Bagging bei Kombination von ca. 17 Entscheidungsregeln auf Höhe der Fehlerrate der schrittweisen LR als Einzelregel „einpendelt", schwanken die geschätzten Vorhersagefehler von Arc-fs bis zur 25. Iteration sehr stark. Für dieses Verhalten verantwortlich sind in erster Linie die Iterationen, die durch $\varepsilon_t \geq 0,5$ zum Neustart des Algorithmus führen (dies war z.B. nach der 11. und 17. Iteration der Fall). Bei der Anwendung von Arc-X4 kommt man nach ungefähr 9 Iterationen zu konstanten Schätzergebnissen bezüglich der prozentualen Fehlerrate.

Insgesamt kann mit Hilfe der Abbildungen 6.21 und 6.22 noch keine allgemeingültige Aussage über die geeignete Anzahl der zu kombinierenden Entscheidungsmodelle getroffen werden. Bei genauerer Betrachtung der Verlaufskurven aller 10 Aufteilungen fällt allerdings auf, daß – zumindest bei der Anwendung von Bagging – nach Kombination von mehr als 20 Entscheidungsregeln keine großen Veränderungen mehr in der Höhe der geschätzten Fehlerrate auftreten.

Kapitel 7

Anwendung statistischer Klassifikationsverfahren in der Kreditwürdigkeitsprüfung

7.1 Problemstellung

Neben der Kreditvergabe an Unternehmen, Selbständige und Banken erlangt das Konsumentenkreditgeschäft, also das Bankgeschäft mit privaten Haushalten immer mehr an Bedeutung. Während im Jahr 1992 noch 892.383 Mill. DM von Kreditinstituten an Privatpersonen verliehen wurden, waren es 1995 schon 1.184.346 Mill. DM ([106], S.347). Aufgrund der starken Wachstumsrate[1] ergibt sich für die Banken erhöhter Handlungsbedarf im Bereich der Kreditwürdigkeitsprüfung, um Forderungsverluste in großem Umfang zu vermeiden.

Unter dem Begriff Kreditwürdigkeit (Bonität)[2] wird in der bankbetriebswirtschaftlichen Literatur die Bereitschaft und die (persönliche und materielle) Fähigkeit des Kunden, seinen Kredit, sowie die zugehörigen Zins- und Tilgungsraten

---

[1] Von 1992 bis 1995 entspricht die Wachstumsrate jährlich ca. 8-10% ([106], S.347).

[2] Die Begriffe Kreditwürdigkeit und Bonität werden im folgenden synonym verwendet (vgl. auch [57], S.11).

termingerecht zu begleichen, verstanden ([103], S.659)[3].

Davon abzugrenzen ist der Begriff Kreditfähigkeit, der sich letztendlich nur auf die Fähigkeit rechtsgültige Kreditgeschäfte abzuschließen, bezieht ([47], S.239).

Ziel der Kreditwürdigkeitsprüfung (der Bonitätsanalyse) ist es nun, bereits zum Zeitpunkt der Kreditantragstellung festzustellen, ob ein Kreditnehmer zukünftig in der Lage sein wird, seinen sich aus dem Kreditgeschäft ergebenen Verpflichtungen fristgerecht nachzukommen ([75], S.5).

Da bei der Entscheidung über die Kreditvergabe das Eintreten von Ereignissen in der Zukunft unsicher ist, birgt jede Bonitätsanalyse für das Kreditinstitut ein gewisses Risiko.

Als Bonitätsrisiko[4] bezeichnet man in diesem Zusammenhang die Gefahr, daß Zins- und Tilgungsbeträge gar nicht, nicht in voller Höhe (Ausfallrisiko) oder erst zu einem späteren Zeitpunkt als vereinbart (Liquiditätsrisiko) zurückgezahlt werden ([66], S.9). Eine Aufgabe der Kreditwürdigkeitsprüfung ist somit die Risikominimierung.

Das Bonitätsrisiko läßt sich sicherlich durch eine vorsichtige Kreditpolitik seitens der Bank, d.h. z.B. die Kreditvergabe erfolgt nur an als völlig risikolos eingestufte Kunden, gering halten. Allerdings muß das Institut dann damit rechnen, daß Kreditanträge von Kreditnehmern abgelehnt werden, die sich am Ende der Laufzeit als problemlos herausgestellt hätten. Damit sind potentielle Gewinne für die Bank verpaßt worden.

Ziel der Kreditwürdigkeitsprüfung ist also nicht nur die Verringerung von Ausfall- und Liquiditätsrisiko, sondern vielmehr die Minimierung der Summe entgangener Gewinne und des Bonitätsrisikos ([75], S.6).

---

[3]Für weitere Definitionen siehe z.B. Bönkhoff ([12], S.18).

[4]Das Bonitätsrisiko ist ein Teil des Kreditrisikos; für die Diskussion aller Teilbereiche siehe z.B. Wächtershäuser ([112], S.70ff).

7.2 Die Verfahren bei der Kreditwürdigkeitsprüfung im Konsumentenkreditgeschäft

Bei der traditionellen Bonitätsanalyse entscheidet allein der Kreditsachbearbeiter aufgrund seiner Erfahrungen über die Kreditvergabe. So eine Kreditwürdigkeitsbeurteilung ist natürlich in hohem Maße subjektiv, evtl. uneinheitlich und vor allen Dingen mit hohen Bearbeitungskosten verbunden ([14], S.6, [75], S.11). Diese Nachteile führen zum Einsatz statistischer Methoden in der Kreditwürdigkeitsprüfung, die in diesem Zusammenhang auch als Credit-Scoring-Verfahren ([72], S.16) bezeichnet werden.

Im Konsumentenkreditgeschäft kommt diesen Methoden eine besonders hohe Bedeutung zu, da hier Kredite in sehr großer Zahl und unter relativ einheitlichen Bedingungen (für die Kunden) beurteilt werden ([61], [72], S.7).

Zur Kreditwürdigkeitsprüfung werden dabei sowohl qualitative Kriterien, wie z.B. der Familienstand oder die berufliche Qualifikation, als auch quantitative Merkmale des Kunden, wie das Alter oder das Vermögen, herangezogen ([75], S.9).

Die einfachste Methode zur Bonitätsanalyse stellt das Punkteadditionsverfahren dar. Hierbei werden den jeweiligen Variablenausprägungen eines Antragstellers für alle Beurteilungskriterien Punktewerte zugeordnet und diese über alle Merkmale summiert. Durch den Vergleich der Gesamtpunktzahl mit einer vorgegebenen Punktzahl (dem Cut-Off-Wert) wird über Annahme oder Ablehnung des Antrags entschieden ([61])[5].

Dem Vorteil des einfachen Prinzips und der leichten Nachvollziehbarkeit steht beim Punkteadditionsverfahren allerdings der Nachteil der erforderlichen, subjektiven Transformation aller qualitativen Merkmale auf eine metrische Skala und ein damit verbundener Informationsverlust gegenüber ([109], S.66).

Betrachtet man die Entscheidung über die Kreditwürdigkeit als Klassifizierungsproblem, bei dem der potentielle Kreditnehmer z.B. einer der Klassen *guter* Kunde oder *schlechter* Kunde anhand von bestimmten Merkmalen zugeordnet werden

---

[5]Zur detaillierten Beschreibung der Methode siehe Häußler ([54], S.34ff).

soll, so läßt sich leicht einsehen, daß alle multivariaten Klassifikationsverfahren zur Bonitätsanalyse eingesetzt werden können.

Bevor im folgenden die Verwendung der einzelnen Methoden im Rahmen der Kreditwürdigkeitsprüfung ausführlich diskutiert wird, sollen die Vorteile der Credit-Scoring-Modelle gegenüber den traditionellen Verfahren im Zusammenhang mit den entsprechenden Zielvorstellungen aufgezeigt werden:

- Subjektive Maßstäbe des Entscheidungsträgers werden mit Hilfe der formalisierten Verfahren durch objektivere Kreditwürdigkeitsurteile ersetzt ([75], S.12).

- Die Reduzierung der Bearbeitungszeit und die damit verbundene Senkung der Arbeitskosten führt zur Rationalisierung des Kreditentscheidungsprozesses (u.a. [99], [93]).

- Eine transparente, einheitliche und standardisierte Kreditvergabe in allen Bankfilialen ist möglich ([104]).

- Durch die einheitliche Verfahrensweise gibt es für das Management einfache Kontrollmöglichkeiten, und Änderungen in der Kreditpolitik der Bank können leicht ins System integriert werden ([99]).

- Die Reduktion des Kreditausfallrisikos trägt zur Gewinnverbesserung bei ([93], [99]).

7.2.1 Diskriminanzanalyse

Das wohl in der Praxis zur Kreditwürdigkeitsprüfung am häufigsten angewandte mathematisch-statistische Klassifikationsverfahren ist die lineare Diskriminanzanalyse.

Zur Beschreibung des Verfahrens im Rahmen der Bonitätsprüfung wird hier zunächst ein relativ einfaches Modell vorgestellt. Anschließend folgt eine Diskussion der Modifikationsmöglichkeiten und der damit verbundenen Schwierigkeiten.

Es wird angenommen, daß sich alle Kreditnehmer (eindeutig) einer der Klassen *gute* Kunden (G) oder *schlechte* Kunden (S) zuordnen lassen. Unter Berücksichtigung unterschiedlicher a priori-Wahrscheinlichkeiten und Fehlklassifikationskosten, die bei der Kreditwürdigkeitsprüfung eine sehr entscheidende Rolle spielen, erhält man als Zuordnungsregel bei unbekannten Parametern([99], siehe auch Kapitel 3):

Ordne **x** der Gruppe G zu, wenn

$$[\mathbf{x} - \frac{1}{2}(\overline{\mathbf{x}}_G + \overline{\mathbf{x}}_S)]' \mathbf{S}^{-1}(\overline{\mathbf{x}}_G - \overline{\mathbf{x}}_S) \geq \log(\frac{\hat{\pi}(S)}{\hat{\pi}(G)} \cdot \frac{C(G|S)}{C(S|G)}). \tag{7.1}$$

Dabei bezeichnen $C(G|S)$ die geschätzten Kosten, ein Element aus Gruppe S irrtümlich der Gruppe G zuzuordnen, und $C(S|G)$ entsprechend die Kosten dafür, daß ein *guter* Kreditnehmer als *schlechter* Kunde klassifiziert wird[6].

Bei der Klassifizierung können demzufolge zwei Arten von Fehlern auftreten. Ist Ungleichung (7.1) im Credit-Scoring-Modell für einen Kreditnehmer erfüllt, es handelt sich aber tatsächlich um einen *schlechten* Kunden, so bezeichnet man diese Fehlklassifikation als Fehler 1. Art (α-Fehler). Wird hingegen der Antragsteller mit Hilfe des Modells der Gruppe S zugeordnet, (d.h. Ungleichung (7.1) ist nicht erfüllt), und er ist in Wirklichkeit ein kreditwürdiger Kunde, begeht man den Fehler 2. Art (β-Fehler) ([72], S.47, [75], S.17).

Die Zuordnungswahrscheinlichkeiten zu den Gruppen G und S hängen von der rechten Seite der Ungleichung (7.1), und somit von der Höhe der Fehlklassifikationskosten und der a priori-Wahrscheinlichkeiten ab. Erhöht man z.B. die Kosten $C(G|S)$, so führt das zu einer Reduktion des α-Fehlers. Gleichzeitig steigt aber der β-Fehler. Ähnlich hat die Erhöhung bzw. die Verringerung der a priori-Wahrscheinlichkeiten für eine Gruppe – durch Änderung von $\frac{\hat{\pi}(S)}{\hat{\pi}(G)}$ in (7.1) – zur Folge, daß sich das Verhältnis von akzeptierten *guten* zu akzeptierten *schlechten* Kunden verschiebt, und somit die Höhe beider Fehlerarten verändert wird.

Ein Hauptproblem bei der Anwendung der LDA liegt also in der Festlegung des sogenannten Cut-Off-Scores ([3], siehe auch Kapitel 3.4):

---

[6]Alle anderen Notationen entsprechen denen aus Kapitel 3.

$$\log\left(\frac{\hat{\pi}(S)}{\hat{\pi}(G)} \cdot \frac{C(G|S)}{C(S|G)}\right). \tag{7.2}$$

Bei der Bestimmung dieses Wertes sollen sowohl der Fehler 1. Art als auch der Fehler 2. Art möglichst gering ausfallen, um so eine optimale Kreditvergabepolitik zu erreichen.

Die korrekte Festlegung der a priori-Wahrscheinlichkeiten setzt Kenntnisse darüber voraus, mit welchen Häufigkeiten die Elemente in den einzelnen Gruppen (in der Grundgesamtheit) vertreten sind. Im Bereich der Kreditwürdigkeitsprüfung ist bekannt, daß die Klasse der *schlechten* Kunden einen wesentlich geringeren Anteil als die der *guten* Kunden ausmacht[7].

In vielen der in der Literatur diskutierten Credit-Scoring-Modelle werden dennoch die a priori-Wahrscheinlichkeiten als gleich groß unterstellt ([31], [99]). Eisenbeis ([31], [32]) diskutiert ausführlich die Verwendung von a priori-Wahrscheinlichkeiten, die nicht den wahren Verhältnissen in der Grundgesamtheit entsprechen und zeigt, daß diesbezüglich falsche Annahmen zu einer erheblichen Verzerrung bei der Fehlerratenschätzung führen. Dieses gilt insbesondere auch, wenn die Stichprobenanteile als Schätzer für die a priori-Wahrscheinlichkeiten benutzt werden, die Stichprobe aber keine echte Zufallsstichprobe[8] darstellt.

Bei Verwendung von Schätzern für die a priori-Wahrscheinlichkeiten, die den wahren Verhältnissen des Auftretens der Elemente in der Grundgesamtheit entsprechen, kann die Klassifikationsgenauigkeit gegenüber der Annahme gleicher a priori-Wahrscheinlichkeiten verbessert werden (siehe z.B. [113]). Bei der Entwicklung eines Credit-Scoring-Modells ist es also ratsam, diesbezügliche Annahmen genau zu prüfen.

Bei der Kostenfestlegung $C(S|G)$ bzw. $C(G|S)$ zur Berechnung des Cut-Off-Scores treten ebenfalls Schwierigkeiten auf.

Zunächst läßt sich feststellen, daß es für das Kreditinstitut wesentlich kostspieliger ist, einen Kredit an einen *schlechten* Kunden irrtümlich zu vergeben als einem *guten* Kunden die Kreditvergabe zu verweigern ([34], S.307).

---

[7]Häußler ([54], S.5) nimmt z.B. an, daß die a priori-Wahrscheinlichkeiten für die *schlechten* Kreditnehmer zwischen 3% und 7% liegen.

[8]Weil z.B. zu wenig *schlechte* Kunden beobachtet wurden, zieht man aus der Gruppe S noch weitere Elemente.

Während bei der Ablehnung des *guten* Kreditnehmers der Bank lediglich Opportunitätskosten in Form entgangener Gewinne (z.B. Zinsen, Kundenabwanderung als Konsequenz der Kreditverweigerung) entstehen, setzen sich die Kosten für die Kreditvergabe an einen insolventen Kreditnehmer zum einen aus teilweise bzw. ganz ausgefallenen Zins- und Tilgungszahlungen, zum anderen aus zusätzlichen Verwaltungskosten (z.B. Mahn- und Eintreibungskosten) zusammen ([36], S.47, [61]).

In der bankbetriebswirtschaftlichen Literatur finden sich recht unterschiedliche Schätzungen für das Kostenverhältnis $\frac{C(G|S)}{C(S|G)}$[9], da dieses für jedes Kreditinstitut z.B. aufgrund verschiedenartiger Geschäftsbedingungen individuell zu bestimmen ist.

Aus der Festlegung der a priori-Wahrscheinlichkeiten und des Kostenverhältnisses soll der optimale Cut-Off-Score ermittelt werden. Aufgrund der beschriebenen Annahmen, d.h. $\hat{\pi}(S) \ll \hat{\pi}(G)$, aber andererseits $C(G|S) \gg C(S|G)$, wird vielfach unterstellt (z.B. [54], S.5, [61], [118], S.107):

$$C(G|S)\hat{\pi}(S) = C(S|G)\hat{\pi}(G). \tag{7.3}$$

Das heißt, daß sich die a priori-Wahrscheinlichkeiten und die Kosten der Fehlklassifikation in ihrer Wirkung aufheben, was zu einem Cut-Off-Score von null führt, und somit kann für die Anwendung der LDA der ML-Ansatz genutzt werden (siehe Kapitel 3.3, (3.15)).

Im Rahmen der Diskussion bezüglich des optimalen Cut-Off-Scores existieren in der Literatur zahlreiche weitere Ansätze, die sich unter anderem mit der Festlegung der Anzahl der zu akzeptierenden Kreditkunden ([46]) oder der Bestimmung von zwei verschiedenen Cut-Off-Werten innerhalb eines Credit-Scoring-Modells ([24], [42]) beschäftigen. Ausführliche Erläuterungen zu diesen Studien findet man bei Rosenberg und Gleit ([99]).

Weitere Probleme bei der Anpassung eines Credit-Scoring-Modells mit Hilfe der Diskriminanzanalyse treten im Zusammenhang mit den statistischen Voraussetzungen für dieses Klassifikationsverfahren auf. So führen, wie bereits erläutert

---

[9]Altman ([4], S.263) unterstellt bei seiner Studie für das Firmenkreditgeschäft z.B. ein Kostenverhältnis von 31 : 1; Gebhardt ([44]) nimmt hingegen das Verhältnis 11 : 1 an.

(siehe Kapitel 3.7), ungleiche Gruppenkovarianzmatrizen und die Verletzung der Normalverteilungsannahme[10] u.U. zu Ergebnisverzerrungen.

Für die Kreditwürdigkeitsprüfung gelten natürlich auch alle in Kapitel 3.7 aufgeführten Überlegungen bezüglich der Robustheit des Verfahrens. So sollte z.B. zu Beginn der Analyse ein Test auf Gleichheit der Kovarianzmatrizen durchgeführt und evtl. bei Ablehnung der Hypothese im Falle großer Stichprobenumfänge quadratischen Entscheidungsregeln der Vorzug gegeben werden.

Für die Anwendung der LDA bei der Bonitätsanalyse ist weiterhin die Auswahl der wichtigen Variablen von großer Bedeutung. Zum einen bedeutet die Beschränkung auf die für die Kreditwürdigkeitsprüfung relevanten Merkmale für das Institut Kosten- und Zeitersparnis. Zum anderen werden die Kreditnehmer bei der Antragstellung mit weniger Fragen belastet ([53]).
Die Methoden zur Dimensionsreduzierung wurden bereits in Kapitel 3.6 dargestellt. Den schrittweisen Auswahlverfahren kommt dabei eine große Bedeutung zu. Eisenbeis, Gilbert und Avery ([33]) geben einen umfassenden Überblick über die verschiedenen Auswahlverfahren und die relative Wichtigkeit einzelner Variablen im Zusammenhang mit der Kreditwürdigkeitsanalyse.

7.2.2 Logistische Regression

Im Verhältnis zu den zahlreichen Publikationen der Anwendung der LDA bei der Bonitätsprüfung gibt es nur sehr wenige Ansätze zur Entwicklung eines Credit-Scoring-Modells auf Basis der logistischen Regression[11].

Bezeichnet man mit G und S wiederum die Klasse der *guten* bzw. *schlechten* Kunden, so lautet die Zuordnungsregel im logistischen Modell bei bekannten Parametern unter Berücksichtigung der Fehlklassifikationskosten[12]:

---

[10]Bei der Bonitätsanalyse spielen binäre und kategoriale Variablen eine große Rolle.

[11]Einen Vergleich von LR und LDA in bezug auf Kreditwürdigkeitsfragestellungen bietet z.B. Wiginton([121]).

[12]Siehe Kapitel 4.1, Ungleichung (4.3), die hier unter Einbeziehung unterschiedlicher Kosten dargestellt wird.

Ordne einem Kreditfall mit dem Merkmalsvektor $\mathbf{x}$ der Gruppe G zu, wenn

$$\beta_0^* + \boldsymbol{\beta}\mathbf{x} \geq \log(\frac{\pi(S)}{\pi(G)} \cdot \frac{C(G|S)}{C(S|G)}). \tag{7.4}$$

Im Falle unbekannter Parameter müssen diese geeignet geschätzt werden (siehe Kapitel 4.2).

Auch bei der logistischen Regression hängt der optimale Cut-Off-Score sowohl von den a priori-Wahrscheinlichkeiten als auch von den Fehlklassifikationskosten ab. Dies ist dann mit der gleichen Problematik wie bei der LDA verbunden.

Eine für die Interpretierbarkeit des Klassifikationsergebnisses in der Kreditwürdigkeitsprüfung sehr schöne Eigenschaft des LR-Modells ist die einfache Angabe der Klassenzugehörigkeitswahrscheinlichkeiten von einzelnen Kreditnehmern. Dadurch daß für die geschätzten a posteriori-Wahrscheinlichkeiten (siehe Kapitel 4.1)

$$\hat{\pi}(G|\mathbf{x}) = \frac{e^{\hat{\beta}_0 + \hat{\boldsymbol{\beta}}'\mathbf{x}}}{1 + e^{\hat{\beta}_0 + \hat{\boldsymbol{\beta}}'\mathbf{x}}} \quad \text{bzw.} \quad \hat{\pi}(S|\mathbf{x}) = \frac{1}{1 + e^{\hat{\beta}_0 + \hat{\boldsymbol{\beta}}'\mathbf{x}}} \tag{7.5}$$

gilt, kann nach Festlegung der Modellparameter bei der Bonitätsprüfung eines Antragstellers sofort ermittelt werden mit welcher geschätzten Wahrscheinlichkeit er der Gruppe der *guten* bzw. *schlechten* Kunden zuzuordnen ist.

Bei der Kreditvergabe könnte das Kreditinstitut dann zum Beispiel wie folgt vorgehen:
Jeder Kunde, der eine hohe Wahrscheinlichkeit der Gruppe G anzugehören besitzt, erhält den Kredit. Allen Kreditnehmern mit sehr geringer Wahrscheinlichkeit für G wird der Kredit verweigert. Die Kunden, bei denen die Zuordnung nicht ganz eindeutig ist, werden einer genaueren Prüfung unterzogen. In der bankbetriebswirtschaftlichen Literatur findet sich allerdings keine Studie, in der ein solches Vorgehen bei der Entwicklung eines Credit-Scoring-Modells untersucht wurde.

Da innerhalb der LR weder die Gleichheit der gruppenspezifischen Kovarianzmatrizen noch die explizite Normalverteilungsannahme unterstellt werden, erübrigt sich hier die Überprüfung dieser Voraussetzungen. Allerdings sollte bei der Aufstellung des Modells die fundamentale Linearitätsannahme (bezüglich des Logarithmus des Verhältnisses der bedingten Randdichten) z.B. mit Hilfe graphischer

Verfahren überprüft werden (siehe Kapitel 4.4). In diesem Zusammenhang kann auch die Transformation einiger der ins Modell einzubeziehender Variablen nützlich sein[13].

Die Dimensionsreduktion, d.h. die Auswahl der wichtigen Variablen, kann wie bei der LDA mit Hilfe schrittweiser Prozeduren (siehe Kapitel 4.3) erfolgen. Die sich daraus für die Bonitätsanalyse ergebenen Vorteile wurden bereits in Kapitel 7.2.1 erläutert.

Als letztes sei noch auf die Problematik nicht existenter ML-Schätzer bei Anwendung der LR hingewiesen. Im Falle totaler und quasi-totaler Trennung des Stichprobenraums existieren keine endlichen ML Schätzer (siehe Kapitel 4.2.2) und die Anpassung eines zuverlässigen Credit-Scoring-Modells erweist sich als äußerst schwierig.

7.2.3   CART

Obwohl das CART-Verfahren zu den neueren Klassifikationsmethoden zählt, findet man schon eine verhältnismäßig große Anzahl von Publikationen, die sich mit der Kreditwürdigkeitsprüfung auf Basis von CART beschäftigen (z.B. [61],[85], [40]).

Beim Aufbau eines Credit-Scoring-Modells wird zunächst mit Hilfe von Kreditnehmern, deren Klassenzugehörigkeit bekannt ist, der Entscheidungsbaum erstellt. Anschließend kann die Klassifizierung der Antragsteller anhand des Baumes erfolgen.

Das bedeutet, eine Zuordnungsregel in Form einer einfachen mathematischen Ungleichung, wie man sie bei der Anwendung von LDA oder LR erhält, existiert hier nicht. Demzufolge entfällt bei der CART-Analyse auch die Berechnung des Cut-Off-Scores. Dennoch können sowohl die a priori-Wahrscheinlichkeit als auch variable Fehlklassifikationskosten in die Bonitätsanalyse einbezogen werden. Dieses erfolgt, wie in Kapitel 5.7.1 beschrieben, über den Gini-Index.

---

[13]Das kann allerdings u.U. zu einer schlechteren Interpretierbarkeit der Bedeutung der einzelnen Merkmale führen.

Damit wird auch sofort ein wesentlicher Unterschied zwischen der linearen Diskriminanzanalyse und CART deutlich. Variable Fehlklassifikationskosten und a priori-Wahrscheinlichkeiten werden beim CART-Modell direkt zur Erstellung der Trennregel herangezogen, während bei der Diskriminanzanalyse erst bei der Zuordnung neuer Elemente die Bestimmung dieser beiden Komponenten notwendig ist ([40]). Ändert sich in einem Credit-Scoring-Modell die Höhe der Fehlklassifikationskosten oder der a priori-Wahrscheinlichkeiten, z.B. aufgrund einer veränderten Kreditvergabepolitik, so muß im CART-Verfahren ein neuer Entscheidungsbaum für die Klassifizierung erstellt werden. Bei der LDA hingegen ist lediglich die Anpassung des Cut-Off-Scores notwendig.

Bei der Bestimmung der Höhe der Kosten und der a priori-Wahrscheinlichkeiten treten allerdings bei allen Entscheidungsverfahren die gleichen Probleme auf.

Die Selektion der für die Kreditwürdigkeitsprüfung wichtigen Merkmale erfolgt bei CART automatisch bei Erstellung des Entscheidungsbaums ([61]). Ähnlich wie bei den schrittweisen Auswahlverfahren wird auf jeder Stufe des Baumentwicklungsprozesses die in diesem Stadium wichtigste Variable ausgewählt. Allerdings kann dabei ein Merkmal mehrmals als Splitvariable verwendet werden ([40]). CART bietet zusätzlich (siehe Kapitel 5.7.3.2) die Möglichkeit, durch ein Variablen-Ranking die Rangfolge der wichtigsten Merkmale festzulegen. Damit lassen sich auch evtl. für die Kreditwürdigkeit entscheidende *maskierte* Variablen entdecken.

Dadurch, daß CART den verteilungsfreien Klassifikationsmethoden zuzurechnen ist, setzt die Anwendung keine expliziten Kenntnisse bezüglich der zugrundeliegenden Gruppenverteilungen voraus.
In diesem Zusammenhang für die Kreditwürdigkeit von großer Bedeutung ist die Behandlung qualitativer Merkmale (z.B. Familienstand, Beruf) im Rahmen der Analyse. Bei der Diskriminanzanalyse werden oftmals kategoriale Variablen durch Transformation in Dummy-Variablen kodiert[14], da die LDA bekannterweise bei der Verwendung binärer Variablen sehr robust reagiert ([34], S.323). Gleichzeitig erhöht diese Kodierung aber unter Berücksichtigung sämtlicher Interaktionen die Anzahl der zu schätzenden Parameter im Modell erheblich ([61]). Beim CART-Algorithmus hingegen werden qualitative Merkmale in ihren ursprünglichen Aus-

---

[14]Andere Möglichkeiten zur Transformation bieten z.B. Boyle et al. ([13]).

prägungen belassen, und das Verfahren findet die für die Trennung der Gruppen wichtigen Teilmengen dieser Variablenausprägungen automatisch (siehe Kapitel 5.3).

Ein großer Vorteil der Anwendung von CART im Rahmen der Bonitätsanalyse liegt darin, daß nicht zuletzt auch durch die anschauliche Darstellungsform des Entscheidungsbaums eine differenzierte Analyse der Kreditnehmerstruktur vorgenommen werden kann ([61]).
So ist z.B. sofort ersichtlich, welche Merkmale mit welchen Ausprägungen für die Klassifizierung eines Kunden als *schlechten* Kreditnehmer verantwortlich sind.
Außerdem läßt sich an jedem Endknoten des Entscheidungsbaums die Höhe der Fehlklassifikationskosten für einen Antragsteller, der diesem Knoten zugeordnet wird, feststellen (siehe auch Kapitel 7.4.6).
Schließlich kann auch die geschätzte bedingte Fehlklassifikationswahrscheinlichkeit $\hat{P}(G|t)$ bzw. $\hat{P}(S|t)$ an jedem Endknoten t angegeben werden.

Mit Hilfe der Fülle der Informationen, die der entsprechende Entscheidungsbaum liefert, hat das Kreditinstitut nun die Möglichkeit die Kreditvergabepolitik – auch z.B. im Hinblick auf die Segmentierung von Kundengruppen – zu analysieren und zu steuern.

Als letztes sei noch auf zwei Eigenschaften von CART verwiesen, die ausführlich in den Kapiteln 5.7.3.1 und 5.7.2 diskutiert wurden.
Zum einen besteht innerhalb dieses Klassifikationsverfahren die Möglichkeit, fehlende Merkmalswerte durch die Verwendung von Ersatzsplits auszugleichen. Bekommt man z.B. von einem Kunden bei der Kreditantragstellung nur unzureichende Angaben bezüglich eines oder mehrerer Merkmale, so ist die Klassifizierung dieses Kreditnehmers trotzdem möglich.
Bei der Implementierung von CART können zum anderen auch Linearkombinationen der stetigen Variablen berücksichtigt werden. Dem Vorteil einer eventuellen besseren Datenstrukturerkennung steht hier allerdings der große Nachteil des Interpretationsverlusts gegenüber.

7.3 Probleme bei der Anwendung der Verfahren

In den vorhergehenden Kapiteln wurden die Verfahren LDA, LR und CART im Rahmen der Kreditwürdigkeitsprüfung diskutiert und dabei speziell mit den Methoden verbundene Probleme aufgezeigt. Es soll nun auf weitere Schwierigkeiten hingewiesen werden, die bei Aufstellung eines Credit-Scoring-Modells unabhängig von der gewählten statistischen Methode auftreten können.

7.3.1 Gruppendefinition

Beim Aufbau eines Credit-Scoring-Modells muß zunächst entschieden werden, wieviel Klassen gebildet und nach welchen Kriterien die Kreditnehmer in diese unterschiedlichen Gruppen eingeordnet werden sollen.

Dabei ist für jedes Klassifizierungssystem darauf zu achten, daß die Grundgesamtheit aller Elemente in disjunkte Teilmengen zu zerlegen ist. Jeder Kreditnehmer muß überschneidungsfrei einer der gebildeten Gruppen zugeordnet werden können. Deshalb ist präzise zu definieren, mit welchen Charakteristiken ein Kreditkunde zu einer bestimmten Klasse gehört. Bisher wurde hier lediglich von *guten* bzw. *schlechten* Kunden gesprochen. Es stellt sich die Frage, wie diese beiden Formulierungen zu konkretisieren sind.

So schlägt z.B. Weibel ([117], S.27) vor, alle Kreditnehmer bei denen entweder 2 oder mehr Mahnungen pro Monat oder 6 oder mehr Mahnungen pro Jahr notwendig waren, als *schlecht* einzuordnen. Eine andere Möglichkeit besteht darin, einen Kunden dann als *schlecht* zu bezeichnen, wenn er eine gewisse Anzahl von Teilzahlungen nicht mehr geleistet hat ([72], S.23). Als *gut* sind dann alle Kreditnehmer einzuordnen, bei denen im Kreditverlauf keine oder nur entsprechend wenige Störungen auftreten. Eine allgemeingültige Empfehlung, nach welchen Kriterien die Zuordnung erfolgen soll, kann nicht gegeben werden. Jedes Kreditinstitut muß nach Maßgabe der von ihr verfolgten Risikopolitik diese Entscheidung treffen.

Bei der Gruppenbildung ist es weiterhin möglich, sich nicht nur auf die zwei Gruppen *gute* und *schlechte* Kunden zu beschränken, sondern mehrere Risikoklassen zu bilden. Solche Ansätze, die in der Literatur hin und wieder diskutiert werden, können von der Bildung dreier Risikoklassen bis hin zur Annahme der Stetigkeit dieser abhängigen Variable (hier: das Risiko) reichen (z.B. [58]). Im letzteren Fall sind allerdings LR und LDA nicht mehr verwendbar, da hier eine diskrete Gruppenbildung Voraussetzung ist.

7.3.2 Selektive Stichproben

Ein sehr großes Problem bei der Bonitätsanalyse ist darin zu sehen, daß bei der Entwicklung eines Credit-Scoring-Modells lediglich Stichproben von Kreditnehmern betrachtet werden, an die der Kredit tatsächlich vergeben wurde. D.h. man vernachlässigt hier einen großen Teil der Grundgesamtheit, die aus allen potentiellen Kreditkunden besteht.

So wird von den Banken meist eine Vorauswahl bei der Vergabe der Kredite getroffen, und Anträge, die bestimmte Anforderungen nicht erfüllen, werden von vornherein abgelehnt. Andererseits berücksichtigt das Credit-Scoring-Modell natürlich auch nicht diejenigen „Kunden", die momentan keinen Kredit benötigen, oder sich bewußt gegen diesen entschieden haben. Aber auch diese Personen sind der Gesamtheit der potentiellen Antragsteller zuzurechnen ([99]).

Als Konsequenz daraus hat man es im Falle der Bonitätsanalyse mit nicht zufälligen, d.h. selektiven Stichproben zu tun. Möchte man das auf dieser Basis entwickelte Kreditwürdigkeitsmodell zur Klassifizierung neuer Antragsteller verwenden, muß mit verzerrten Fehlerraten- und Cut-Off-Schätzern gerechnet werden ([5], S.195).

In der bankbetriebswirtschaftlichen Literatur werden verschiedene Möglichkeiten diskutiert, mit diesen sogenannten „truncated samples" ([99], [5], S.194) umzugehen.

So wird z.B. von Weibel ([117], S.40f) vorgeschlagen, eine Zeitlang sämtliche gestellten Kreditanträge zu akzeptieren, um zulässige Informationen über die Zusammensetzung der gesamten Population zu erhalten. Allerdings ist diese Alternative u.U. für das Kreditinstitut sehr kostspielig, da mit einer großen Anzahl von Kreditausfällen gerechnet werden muß ([99]). Außerdem berücksichtigt diese Vorgehensweise nicht den Teil der Population, der in diesem Zeitraum, aus welchen Gründen auch immer, keinen Kredit benötigt.

Eine andere Möglichkeit, dem Problem beizukommen, zeigt Häußler ([54], S.89) auf. Innerhalb eines bestimmten Zeitraums werden die Merkmalswerte von vorbeurteilten (von vorn herein abgelehnten) Kunden aufgenommen. Anschließend werden diesen Wahrscheinlichkeiten, einer der Gruppen anzugehören, zugeordnet. Entsprechend dieser Wahrscheinlichkeiten gelangen die Antragsteller dann zusätzlich zu denen vom Institut akzeptierten in die Stichprobe.

Wagner, Reichert und Cho ([113]) vergleichen hinsichtlich des Problems der selektiven Stichprobe ein Modell, bei dem zwischen *guten akzeptierten, schlechten akzeptierten* und *zurückgewiesenen* Kunden unterschieden wird, mit dem klassischen 2-Gruppen-Modell (*gut, schlecht*). Sie stellen allerdings fest, daß die Einführung der dritten Gruppe keine Genauigkeitsverbesserung der Klassifikationsergebnisse mit sich bringt.

Altman et al. ([5], S.195) weisen auf eine Studie von Avery ([9]) hin, die sich mit den statistischen Problemen, die im Falle von „truncated samples" auftreten können, beschäftigt.
Zum einen wird darauf aufmerksam gemacht, daß speziell bei der Diskriminanzanalyse durch die selektive Stichprobe u.U. die Hypothese gleicher Gruppenkovarianzmatrizen abgelehnt wird, obwohl in der Population die Gleichheit gegeben ist. Dadurch werden evtl. fälschlicherweise quadratische Regeln zur Entwicklung des Systems benutzt.
Eine weitere Feststellung betrifft die Verzerrung der erhaltenen Schätzer. Es ist hier nicht möglich, Aussagen über die Richtung oder das Ausmaß des Bias zu treffen, da die Struktur des zugrundeliegenden „truncation systems" unbekannt bleibt.
Zur Lösung des Problems konstruiert Avery ([9]) mit Hilfe der ML-Methode konsistente Schätzer für den Erwartungswert und die Kovarianz, die zu unverzerrten Schätzern für die Fehlerrate in der Diskriminanzanalyse führen.

7.3.3　Modelldynamik

Da bei der Klassifikationsanalyse – bezogen auf Vergangenheitsdaten – Ereignisse in der Zukunft vorhergesagt werden, treten gewöhnlich Probleme durch die Änderungen der Modellvoraussetzungen im Zeitablauf auf ([5], S.158). So werden z.B. innerhalb der Kreditwürdigkeitsprüfung Daten von Kunden, die in einem bestimmten Zeitraum erhoben werden, zur Bonitätsprognose zukünftiger Antragsteller herangezogen.

Ein großes Problem ist in diesem Zusammenhang mit der Festlegung der a priori-Wahrscheinlichkeiten verbunden. Selbst wenn zum Zeitpunkt der Entwicklung des Credit-Scoring-Systems genaue Angaben über die Höhe der a priori-Wahrscheinlichkeiten gemacht werden können, so können diese doch von Periode zu Periode z.B. aufgrund von Marketingmaßnahmen oder der volkswirtschaftlichen Entwicklung ([54], S.5, [5], S.195) variieren.
Eisenbeis ([31]) schlägt diverse Möglichkeiten zur Lösung dieses Problems vor. So kann es u.U. nützlich sein, den Mittelwert der Klassenanteile über mehrere vergangene Perioden als a priori-Schätzer eines zukünftigen Zeitpunkts heranzuziehen.

Weitere Schwierigkeiten treten in bezug auf die für das Modell relevanten Variablen auf. Da die am häufigsten in der Kreditwürdigkeitsprüfung verwendeten Klassifikationsverfahren dynamische Aspekte nicht berücksichtigen, werden Veränderungen der Merkmale bzw. deren Beziehungen untereinander im Zeitverlauf vernachlässigt. Ein Beispiel für derartige Änderungen ist die in Folge einer Rezession auftretende Verringerung des Einkommensniveaus ([117], S.37). Als Folge davon ändert sich evtl. auch die relative Bedeutung der einzelnen Variablen. So gibt Weibel ([117], S.37) z.B. an, daß die Merkmale „Hauseigentum" und „Bankverbindung" gegenüber früheren Untersuchungszeiträumen für die Kreditwürdigkeitsprüfung ihre Wichtigkeit verlieren.

Zur Lösung des Problems bietet sich zum einen die Verwendung eines dynamischen Modells an, daß explizit Änderungen im Zeitablauf berücksichtigt (z.B. [11]). Eine andere Alternative auf Basis der herkömmlichen statischen Klassifikationsverfahren ist die periodische Aktualisierung des Systems durch Überprüfung der Relevanz aller ins Modell einbezogenen Variablen ([117], S.38).

Den Zeitfaktor hat man auch bei der Auswahl der geeigneten Elemente für die Lernstichprobe zu berücksichtigen. Erfolgt die Auswahl beispielsweise aus der Gesamtheit aller zu einem bestimmten Zeitpunkt vom Institut vergebenen Konsumentenkredite, so ist damit zu rechnen, daß ein Teil der Kredite noch nicht abgeschlossen ist ([117], S.27). Es stellt sich dann natürlich die Frage, ob die Kunden mit noch laufenden Vertragsverhältnissen als *gute* Kreditnehmer eingestuft werden sollten. In den meisten veröffentlichen Studien zur Bonitätsanalyse wird die Analysestichprobe deshalb nur aus bereits abgeschlossenen Kreditfällen zusammengesetzt (z.B. [72], S.19). Allerdings bleibt kritisch anzumerken, daß bei dieser Vorgehensweise, gerade im Falle langer Laufzeiten, die geforderte Aktualität der Datenbasis verlorengeht, da der Erhebungszeitraum der für die Analyse erforderlichen Variablen u.U. weit zurückliegt.

Bei der Diskussion, inwieweit noch nicht abgeschlossene Kredite in den Auswahlprozeß einbezogen werden sollten, ist zu berücksichtigen, wann im Verlauf des Vertragsverhältnisses die Zahlungsschwierigkeiten auftreten. Stellt man fest, daß z.B. nach Beendigung von 2/3 der Laufzeit kaum noch Kreditausfälle zu verzeichnen sind, wenn der Kreditnehmer bis dahin seinen Zahlungsverpflichtungen ordnungsgemäß nachgekommen ist, so können solche Kredite durchaus als *gut* angesehen werden. Es kann für das Institut also von großer Wichtigkeit sein, die Wahrscheinlichkeit der Insolvenz eines Kunden in den einzelnen Perioden des Kreditverlaufs zu prognostizieren ([5], S.196). Credit-Scoring-Modelle, die solche Wahrscheinlichkeitsaussagen berücksichtigen, sind in der Literatur bisher kaum diskutiert worden. Lediglich Narain ([94]) beschäftigt sich mit dieser Problematik im Zusammenhang mit der Kreditvergabeentscheidung. Dabei entwickelt er ein Modell, das die Zeit, die vergangen ist, bis der Kreditnehmer als *schlecht* zu klassifizieren ist, berücksichtigt. Als theoretische Grundlage dienen ihm dazu, die in der statistischen und medizinischen Forschung häufig verwendeten „Survival"-Methoden.

7.3.4   Effizienz der Modelle

Um die Güte eines Klassifikationsverfahrens zu beurteilen, ist es ratsam Effizienzvergleiche mit entsprechenden Zufallsmodellen anzustellen. So sollten die durch ein statistisches Verfahren erzielten Fehlklassifikationsraten zumindest geringer sein als bei zufälliger Zuordnung der Elemente zu einer der vorgegebenen Gruppen ([99]).

Morrison ([92]) gibt zwei verschiedene Kriterien an, mit Hilfe derer ein Vergleich zwischen Klassifikations- und Zufallsmodell vorgenommen werden kann:

Die gesamten Fehlklassifikationskosten bei Verwendung von LDA, LR oder CART ergeben sich im 2-Gruppen-Fall als[15]:

$$C_{Kl} = \pi(G)C(S|G)\epsilon_{GS} + \pi(S)C(G|S)\epsilon_{SG}. \tag{7.6}$$

Als Vergleichskriterium wird jetzt zum einen das sogenannte *Maximum-Chance-*Kriterium herangezogen. Dabei werden alle Elemente der Klasse G zugeordnet, wenn $\pi(G)C(S|G) \geq \pi(S)C(G|S)$. Gilt hingegen $\pi(G)C(S|G) < \pi(S)C(G|S)$, so nimmt man für alle Elemente die Klasse S an ([99]). Die daraus resultierenden gesamten Fehlklassifikationskosten kann man mit

$$C_{max} = \min(\pi(G)C(S|G); \pi(S)C(G|S))$$

angeben.

Beim *Proportional-Chance-*Modell hingegen werden die Objekte gemäß den a priori-Wahrscheinlichkeiten den beiden Gruppen zufällig zugeordnet ([69]). Als Gesamtfehlklassifikationskosten erhält man ([99]):

$$C_{prop} = C(G|S)\pi(G)\pi(S) + C(S|G)\pi(S)\pi(G) = [C(G|S) + C(S|G)]\pi(G)\pi(S).$$

Gilt nun $C_{Kl} << C_{max}$ bzw. $C_{Kl} << C_{prop}$, so kann davon ausgegangen werden, daß die entsprechende Klassifikationsmethode effiziente Ergebnisse, zumindest im Vergleich mit den Zufallsmodellen, liefert.

Bei der Kreditwürdigkeitsprüfung treten in diesem Zusammenhang besonders dann Probleme auf, wenn die individuellen Kosten $C(G|S)$ bzw. $C(S|G)$ nicht in den Vergleich einbezogen werden. Die genannten Kriterien setzen sich in diesem Fall nur aus den a priori-Wahrscheinlichkeiten der Gruppen zusammen. Da $\pi(G)$

---

[15]Die Bezeichnungen entsprechen denen aus Kapitel 2: $C(i|j)$ sind die individuellen Fehlklassifikationskosten, $\pi(j)$ bezeichnen die a priori-Wahrscheinlichkeiten und ϵ_{ij} sind die individuellen Fehlerraten.

aber im Vergleich zu $\pi(S)$ außerordentlich hoch ist, weisen sowohl das *Maximum-Chance-* als auch das *Proportional-Chance-*Modell nur sehr geringe Gesamtfehlerraten auf, die von den statistischen Klassifikationsverfahren nur schwer erreichbar sind.

Unterstellt man allerdings, daß sich die Fehlklassifikationskosten und die a priori-Wahrscheinlichkeiten in ihrer Wirkung aufheben (siehe Kapitel 7.2.1), so erzielen die statistischen Verfahren sehr leicht geringere Fehlerraten als die Zufallsmodelle. Damit die statistische Methode in diesem Fall effizienter als das *Maximum-Chance-*Modell klassifiziert, muß gelten $\frac{C_{Kl}}{C_{max}} < 1$. Ist nun

$$\frac{C(G|S)}{C(S|G)} = \frac{\pi(G)}{\pi(S)}$$

so folgt $C_{Kl} = \pi(G)C(S|G)[\epsilon_{GS} + \epsilon_{SG}]$.

Damit ergibt sich durch Einsetzen (da $C_{max} = \pi(G) \cdot C(S|G)$):

$$\frac{C_{Kl}}{C_{max}} = [\epsilon_{GS} + \epsilon_{SG}].$$

Bereits wenn die Summe der individuellen Fehlerraten kleiner 1 ist, ist das statistische Klassifikationsverfahren effizienter. Beim *Proportional-Chance-*Kriterium erhält man das gleiche Ergebnis.

7.4 Empirische Untersuchung zur Bonitätsprüfung

Das in der folgenden Untersuchung verwendete Datenmaterial aus dem Konsumentenkreditbereich stammt von einem namhaften deutschen Kreditinstitut[16].

Der folgende Abschnitt beinhaltet zunächst die Beschreibung der mit dem Datensatz verbundenen Variablen. Im Rahmen der Aufbereitung der Daten werden anschließend Schwachpunkte, die im weitestem Sinne mit der Erhebung der Merkmale im Zusammenhang stehen, analysiert und Lösungsansätze vorgeschlagen. Unter den in Kapitel 7.4.3 festgelegten Modellannahmen kann schließlich die Bonitätsanalyse mit Hilfe von LDA, LR und CART durchgeführt werden.

Neben der Beurteilung der Klassifikationsgüte der drei genannten Verfahren erfolgt zusätzlich die Entwicklung eines Credit-Scoring-Modells auf Basis multipler Entscheidungsregeln.

7.4.1 Beschreibung des Datensatzes

Als Grundlage für die Untersuchung diente zunächst ein sehr umfangreicher Datensatz, bestehend aus 14.478 Konsumentenkreditfällen und 29 für die Analyse relevanten Variablen[17].

Die erteilten Kredite wurden ausschließlich zur Finanzierung eines Autokaufs verwendet. Der Kreditvergabezeitpunkt lag zwischen 1991 und 1992.
Im folgenden werden kurz die in die Untersuchung einbezogenen Merkmale beschrieben.

Laufzeit:
Die Laufzeit gemäß Vertrag ist für alle Kredite in Monaten angegeben.

---

[16]Auf Wunsch wird der Name der Bank nicht genannt.

[17]„Relevante" Merkmale bedeutet hier lediglich, daß zur Verfügung stehende Variablen wie z.B. die „Einreicher-Nr." oder die „Konto-Nr." als bedeutungslos für die Gruppentrennung identifiziert und nicht in die Analyse einbezogen wurden.

Rate:
Die Höhe der monatlichen Rate (angegeben in DM) bestimmt sich aus der Verzinsung und Tilgung des gewährten Kredits.

Kreditrahmen:
Gesamtbetrag in DM, der vom Kreditnehmer zuzüglich Zinsen zurückgezahlt werden muß (Bruttokredit).

Nettokredit:
Der Nettokredit ist definiert als Bruttokredit abzüglich des Disagio, der Bearbeitungsgebühren und weiterer Kosten für die Kreditgewährung (angegeben in DM).

Nettoeinkommen des Kreditnehmers 1:
Monatliches Nettoeinkommen des Hauptantragstellers in DM.

Nettoeinkommen des Kreditnehmers 2:
Hierbei handelt es sich um das Einkommen (in DM) der mitverpflichteten Person (z.B. der Ehepartner des Hauptantragstellers).

Miete des Kreditnehmers 1:
Monatliche Mietzahlungen, die der Hauptantragsteller leistet (in DM).

Miete des Kreditnehmers 2:
Monatliche Mietkosten des Mitverpflichteten (in DM). Lebt dieser allerdings im gleichen Haushalt, so wird die Gesamtmiete beim Merkmal *Miete des Kreditnehmers 1* erfaßt.

Belastungen des Kreditnehmers 1:
Hierunter fallen alle Belastungen (incl. Nebenkosten), die dem Hauptantragsteller aus seinem Grundbesitz entstehen (in DM).

Belastungen des Kreditnehmers 2:
Belastungen aus dem Grundbesitz des Mitverpflichteten.

Aufwendungen aus der Verwendung des PKW des Kreditnehmers 1:

Hierbei handelt es sich um die monatlichen Aufwendungen, die dem Hauptantragsteller aus der Nutzung seines PKW entstehen (z.B. Steuern und Versicherungen) in DM. Es werden sehr oft nur Pauschalbeträge angegeben.

Aufwendungen aus der Verwendung des PKW des Kreditnehmers 2:
Monatliche Aufwendungen für den PKW des Mitverpflichteten.

Verfügbares Einkommen:
Das verfügbare Einkommen (in DM) bestimmt sich aus dem monatlichen Nettoeinkommen des Haupt- und Mitverpflichteten abzüglich aller regelmäßigen monatlichen Ausgaben[18]. Bei den Ausgaben sind allerdings die Raten des beantragten Kredites nicht mit eingeschlossen.

Alter:
Hier ist das Alter des Antragstellers in Jahren angegeben.

Geschlecht:
Geschlecht des Kreditnehmers. Dabei existieren folgende Ausprägungen:
0 : weiblich
1 : männlich
2 : keine Information

Wohnungswechsel:
Anzahl der Wohnungswechsel des Kreditkunden innerhalb der letzten 3 Jahre (zum Zeitpunkt der Antragstellung).

Postleitzahl:
(vierstellige) Postleitzahl des Wohnorts des Kreditnehmers.

Haushaltsgröße:
Anzahl der im Haushalt des Kreditnehmers lebenden Personen.

Familienstand:
Die Variablenausprägungen sind hier gegeben durch:

---

[18]Das *verfügbare Einkommen* läßt sich nicht einfach aus den bisher definierten Variablen errechnen, da hier z.B. auch die monatlichen Belastungen aus bereits bestehenden Kreditverträgen bei der Berechnung den Ausgaben zugeschlagen werden.

1 : ledig

2 : verheiratet

3 : geschieden

4 : anderer (z.B. verwitwet, getrennt lebend)

Nation:

Nationalität des Antragstellers. Ausprägungen:

0 : Deutscher

1 : Ausländer

Arbeitgeberwechsel:

Anzahl der Arbeitgeberwechsel des Kunden in den letzten 5 Jahren (zum Zeitpunkt der Antragstellung).

Beschäftigungsdauer:

Die Variable gibt an, seit wieviel Monaten der Kreditnehmer beim jetzigen Arbeitgeber beschäftigt ist (zum Zeitpunkt der Antragstellung).

Beruf:

Beim Beruf des Kreditnehmers werden die Variablenausprägungen:

1 : Angestellter

2 : Beamter

3 : Arbeiter

4 : Rentner

5 : Hausfrau

6 : sonstige Private

7 : Soldat

8 : Student / Auszubildender

9 : andere

zugrundegelegt.

Qualifikation:

Die Qualifikation der Kunden wird unterschieden durch:

0 : unbekannt

1 : ungelernt

2 : angelernt

3 : gelernt

4 : besondere Ausbildung

5 : Leitender Angestellter / Berufssoldat

6 : Zeitsoldat (Z2/Z4)

7 : Zeitsoldat (Z6/Z8/Z15)

8 : Zeitsoldat (Z10/Z12)

Branche:

Gibt die Branche an, in der der Kreditnehmer tätig ist.

0 : Landwirtschaft/Gartenbau/Weinbau/Forstwirtschaft/Tierhaltung/Fischerei

1 : Energie- und Wasserversorgung/Bergbau

2 : Produzierendes Gewerbe/Industrie

3 : Hoch- und Tiefbau/Ausbaugewerbe

4 : Groß- und Einzelhandel/Vertrieb/Handelsvermittlung

5 : Verkehrs- und Nachrichtengewerbe/Bahn/Post

6 : Banken/Versicherungsunternehmen/Bausparkassen/Kreditgewerbe

7 : Dienstleistungsgewerbe/Schule/Arzt/Notar/IHK

8 : Kirche/Politik/Sport/Kultur/DGB

9 : Öffentliche Haushalte (Bund, Länder)

Vorkredite:

Hierbei handelt es sich um die Anzahl der Kredite, die vom Antragsteller bereits bei dieser Bank abgeschlossen wurden.

Schufa laufend:

Hier ist die Anzahl der laufenden Kredite bei anderen Instituten aufgeführt. Diese Zahl wurde aus den Schufa-Meldungen entnommen.

Schufa erledigt:

Anzahl der bereits erledigten Kreditverträge bei anderen Instituten (aus Schufa-Meldung).

Niederlassung:

Bezeichnet eine von 8 Bankniederlassungen, bei der die Kreditvergabe erfolgt ist. (Ausprägungen: NL1 - NL8)

Boni:

Durch diese Variable wird dem Kreditnehmer entweder die Klasse 0 (*guter* Kunde) oder Klasse 1 (*schlechter* Kunde) zugeordnet. Die genaue Definition der Gruppen erfolgt in Kapitel 7.4.2.

7.4.2 Datenaufbereitung

Beim Aufbau eines Credit-Scoring-Modells muß zunächst die Frage der Gruppendefinition geklärt werden (siehe Kapitel 7.3.1).

Von dem hier betrachteten Kreditinstitut wird ein Kunde als *schlecht* eingestuft, wenn mehr als zwei Zahlungsmahnungen an ihn ergangen sind. Alle anderen Kreditnehmer werden in die Klasse der *guten* Kunden eingeordnet.

Zum Analysezeitpunkt[19] waren die meisten der erfaßten Vertragsverhältnisse noch nicht beendet. Da bei noch laufenden Kreditverträgen die Klassenzugehörigkeit der Kreditnehmer nicht ohne weiteres bestimmbar ist (siehe Kap. 7.3.3), wurde die Definition der Gruppe der *guten* Kunden revidiert: Alle Kreditfälle, deren Vertragsabschluß zum Analysezeitpunkt länger als 2 1/2 Jahre zurücklag und bei denen bis dahin keine Mahnung an den jeweiligen Kreditnehmer ergangen ist, wurden – neben den bereits abgeschlossenen Kreditfällen – in der Stichprobe belassen[20]. Alle anderen Kreditnehmer wurden von der Analyse ausgeschlossen. Die Gruppe der *schlechten* Kunden wurde wie oben definiert beibehalten[21]. Damit reduziert sich die Analysestichprobe auf insgesamt 3003 Elemente (Kreditnehmer).

Am Beginn der Erstellung eines Credit-Scoring-Systems ist es weiterhin nützlich, durch eine sorgfältige univariate Untersuchung aller Variablen eine Plausibilitäts-

---

[19]Damit ist hier der Zeitpunkt gemeint, an dem die Bank letztmalig den Mahnstatus des Kunden erfaßt hat, da anschließend der Aufbau des Credit-Scoring-Modells vorgenommen werden sollte.

[20]Viele der vergebenen Kredite wiesen eine Laufzeit von 72 Monaten auf; bei vorliegender Definition ist bei den in die Stichprobe aufgenommenen Krediten ca. 40% der Gesamtlaufzeit beendet, ohne daß Zahlungsschwierigkeiten auftraten.

[21]Die sich aus der Definition ergebenden Probleme z.B. in bezug auf die Wahl der a priori-Wahrscheinlichkeiten wurden in Kapitel 7.2.1 erläutert.

kontrolle der jeweiligen Merkmalsausprägungen durchzuführen, um so eventuelle Ausreißer im Datenbestand zu identifizieren[22].

Dazu wurde hier (mit Hilfe der Prozedur UNIVARIATE in SAS) für alle Variablen der Mittelwert bzw. Median, die Varianz, die Anzahl der Beobachtungen mit Ausprägungen ungleich null, die größten und kleinsten Werte und die 75%- bzw. 25%-Quantile bestimmt.

Bei der Untersuchung fielen Unregelmäßigkeiten bei den Variablen *Laufzeit*, *Rate*, *Nettokredit*, *Kreditrahmen*, *verfügbares Einkommen* und *Schufa erledigt* auf.

Bei drei Kreditnehmern war die *Rate* bzw. der *Nettokredit* mit 0 DM angegeben. Ebenso unplausibel erschien der Variablenwert *Schufa erledigt* = 91 eines Elements. Vermutlich wurde hier anstatt der Anzahl der erledigten Kredite eine Jahreszahl vermerkt.

Auf falsche Dateneingaben des Kreditsachbearbeiters ist sicherlich auch ein *Kreditrahmen* von mehr als 500.000 DM (bei drei Kreditnehmern) zur Finanzierung eines PKW zurückzuführen. Zwei Kunden wiesen ein *verfügbares Einkommen* von über 12.000 DM auf, obwohl die angegebenen monatlichen Einkünfte abzüglich der Gesamtbelastungen (Miete, Belastung, Aufwendungen für den PKW) bei weitem geringer ausfielen.

Schließlich konnte bei 35 Elementen eine *Laufzeit* von nur einem Monat festgestellt werden. Diese Werte erwiesen sich als unbegründbar, da die angegebenen Variablen *Rate* und *Nettokredit* bei diesen Fällen auf weit höhere Laufzeiten schließen lassen[23]. Alle diese Kreditfälle wurden aus der Analysestichprobe entfernt[24].

Im Zusammenhang mit den kreditspezifischen Variablen wurden abschließend weitere Plausibilitätskontrollen durchgeführt. So ergab sich für 105 Kreditnehmer, daß das Produkt aus *Laufzeit* und *Rate* kleiner als der angegebene *Nettokredit* war. Für weitere 24 Kunden ließ sich die Relation *Kreditrahmen* < *Laufzeit* *

---

[22]Von einer multivariaten Untersuchung zur Ausreißerentdeckung z.B. mit Hilfe graphischer Verfahren wurde hier aufgrund der großen Anzahl diskreter Variablen verzichtet.

[23]So ergab sich für einen Kreditnehmer z.B. *Rate* = 271 DM und *Nettokredit* = 11.490 DM.

[24]Von der Möglichkeit diese Merkmalsausprägungen als *missing values* zu kennzeichnen wurde aus Vergleichbarkeitsgründen verzichtet, da lediglich das CART-Verfahren die Möglichkeit der direkten Verarbeitung dieser Werte bietet.

Rate feststellen. Diese unlogischen Zusammenhänge sind wiederum auf falsche Dateneingaben zurückzuführen und die entsprechenden Kreditfälle sind nicht für die Credit-Scoring-Analyse geeignet.
Die endgültige Analysestichprobe umfaßt somit lediglich 2830 Kreditnehmer.

Als nächstes wurde im Rahmen der Datenaufbereitung die Binärkodierung aller kategorialen Variablen mit mehr als zwei Ausprägungen vorgenommen, um so speziell bei der Anwendung der LDA[25] und LR[26] zu adäquaten Ergebnissen zu gelangen.

Davon betroffen sind die Merkmale *Familienstand, Geschlecht, Beruf, Qualifikation, Branche* und *Niederlassung*. Bei der Kodierung wurde so vorgegangen, daß aus den n Kategorien einer Variable $n - 1$ binäre Merkmale (Ausprägungen: 0 und 1) gebildet wurden. Die n-te Kategorie ergibt sich dann automatisch für alle Kreditnehmer, die bei den neu gebildeten Variablen nur Nullen zu verzeichnen haben.

Das Merkmal *Postleitzahl* hat in seinen ursprünglichen Ausprägungen sicherlich sehr wenig Aussagekraft für die Analyse. Da aber die erste Ziffer des alten Postleitzahlensystems Aufschluß bezüglich der regionalen Zugehörigkeit des Kreditnehmers geben kann, wurde diese Variable kategorisiert. *Region 1* bis *Region 8* bezeichnen nun die jeweils binär kodierten Wohnortregionen der Kreditnehmer. Hat ein Kunde für alle acht Regionen die Merkmalsausprägung 0, so handelt es sich um eine Person aus den neuen Bundesländern.
Eine Übersicht über die Kodierung aller nominal skalierten Variablen findet man in Anhang F.1, S.223ff.

Zusätzlich wurden aus den vorhandenen Merkmalen drei neue Variablen gebildet. Die Summe der Variablen *Belastung des Kreditnehmers 1, Belastung des Kreditnehmers 2, Aufwendungen aus der Verwendung des PKW des Kreditnehmers 1, Aufwendungen aus der Verwendung des PKW des Kreditnehmers 2, Miete des Kreditnehmers 1* und *Miete des Kreditnehmers 2* bilden dabei das neue Merkmal *Ausgaben*. Weiterhin seien das *Einkommen pro Person* als (*Nettoeinkommen*

---

[25]Siehe Kapitel 7.2.3.
[26]Siehe Hosmer und Lemeshow ([62], S.26) zur Begründung, warum bei der LR die binäre Kodierung von Vorteil ist.

des Kreditnehmers 1 + Nettoeinkommen des Kreditnehmers 2)/Haushaltsgröße und die Ausgaben pro Person als Ausgaben/Haushaltsgröße definiert. Eventuell können diese neu entwickelten Variablen für die Analyse von größerer Wichtigkeit sein als die einzelnen Merkmale, aus denen sich ihre Definition zusammensetzt.

Die Ergebnisse der univariaten Untersuchung aller für die Analysestichprobe relevanten Variablen zeigt Anhang F.2, S.226ff. Die Gruppe der guten Kreditnehmer (Boni = 0) umfaßt letztendlich 1862 Elemente und entsprechend sind 968 Fälle den schlechten Kreditnehmern (Boni = 1) zuzuordnen.

Das Schaubild 7.1 faßt noch einmal alle Schritte der Datenaufbereitung zusammen.

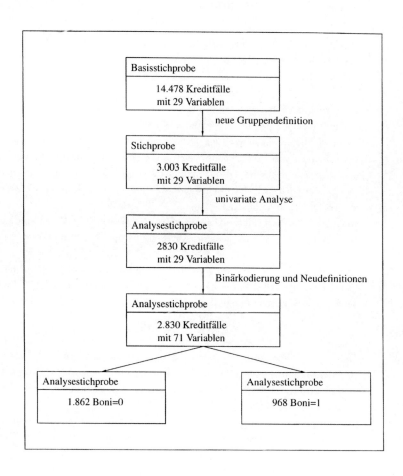

Abbildung 7.1: *Die Stufen der Datenaufbereitung*

7.4.3 Modellannahmen

Wie in Kapitel 7.2 ausführlich beschrieben wurde, müssen vor der Durchführung der Klassifizierungsanalyse die a priori-Wahrscheinlichkeiten sowie die Fehlklassifikationskosten für jede Gruppe geeignet geschätzt werden.

Im vorliegenden Beispiel empfiehlt es sich sicherlich nicht, die a priori-Wahrscheinlichkeiten durch die Klassenanteile in der Analysestichprobe zu schätzen, da durch die Datenaufbereitung keine realistischen Verhältnisse von *guten* zu *schlechten* Kunden (hier: 65,8% : 34,2%) vorliegen. Die Basisstichprobe kann ebenfalls keine Hinweise auf die „wahren" a priori-Wahrscheinlichkeiten liefern, da hier die noch nicht abgeschlossenen Kreditfälle, deren Klassenzugehörigkeit unbekannt ist, enthalten sind.

Auch die Höhe der Fehlklassifikationskosten $C(S|G)$ bzw. $C(G|S)$ ist unbekannt. Das Kreditinstitut machte keinerlei Angaben über das Verhältnis dieser Kosten.

Aufgrund der Unkenntnis bezüglich beider Einflußgrößen des Cut-Off-Scores soll hier unterstellt werden, daß sich die a priori-Wahrscheinlichkeiten und die Kosten der Fehlklassifikation in ihrer Wirkung ausgleichen (siehe Kapitel 7.2.1), d.h.

$$C(G|S)\hat{\pi}(S) = C(S|G)\hat{\pi}(G).$$

Weitere Einschränkungen im Rahmen des Modellaufbaus betreffen die Vorselektion der Basisstichprobe. Wie in Kapitel 7.3.2 beschrieben, werden vom Kreditinstitut oftmals nur Kreditverträge abgeschlossen, wenn die Kunden gewisse Anforderungen erfüllen.

Im vorliegenden Fall wurden alle potentiellen Kreditnehmer abgelehnt, die zum Zeitpunkt der Antragstellung arbeitslos waren, oder die einen negativen Schufa-Eintrag zu verzeichnen hatten. Außerdem konnten bei der Auswahl der Basisstichprobe natürlich nur solche Personen berücksichtigt werden, die sich auch zur Aufnahme eines Kredits entschlossen hatten.

Insgesamt sollte man sich also zu Bewußtsein führen, daß die genannten Beschränkungen die Ergebnisse bei der Schätzung der Fehlerrate im nun aufzubauenden Credit-Scoring-Modell erheblich beeinflussen können.

Als letztes sei noch einmal auf das Problem der Dimensionsreduktion verwiesen. Zur Auswahl der für die Analyse wichtigen Variablen werden hier bei der LR und LDA die jeweiligen schrittweisen Verfahren herangezogen. CART hingegen wählt, wie bereits erläutert, automatisch die relevanten Merkmale aus.

Um die Klassifikationsergebnisse der drei Verfahren vergleichen zu können, wurde zunächst die Analysestichprobe zufällig[27] in Lern- und Teststichprobe aufgeteilt. 1961 Beobachtungen (69,29%) bildeten dabei die Grundlage für den Aufbau der Entscheidungsregel. Die restlichen 869 Fälle standen anschließend zum Testen der Güte des Modells zur Verfügung.

7.4.4   Ergebnisse der linearen Diskriminanzanalyse

Bevor die Klassifikationsergebnisse, die mit Hilfe der LDA erzielt wurden, ausführlich diskutiert werden, soll noch einmal auf die mit diesem Analyseverfahren verbundenen Annahmen hingewiesen werden.

Aufgrund der großen Anzahl an binären Variablen ist in diesem Beispiel die multivariate Normalverteilung der Teilgesamtheiten sicherlich nicht gegeben. Ein statistischer Test zur Überprüfung dieser Annahmen ist in den traditionellen Statistikprogrammpaketen nicht implementiert und somit nur schwer durchführbar. Deshalb wurde darauf, ebenso wie auf die Überprüfung der Annahme gleicher Kovarianzmatrizen[28] verzichtet und auf die Robustheit der LDA bei Verletzung dieser Annahmen vertraut.

Im ersten Analyseschritt werden hier die für die Gruppentrennung wichtigsten Variablen (mit Hilfe der Prozedur PROC STEPDISC in SAS) herausgefiltert. Tabelle 7.1 zeigt das Ergebnis des schrittweisen Auswahlverfahrens, wobei die Merkmale in der Reihenfolge, wie sie ins Modell aufgenommen wurden, dargestellt sind. Anschließend erfolgte mit Hilfe der ausgewählten Variablen die Errechnung der Diskriminanzfunktion.

---

[27]Die Zufallsauswahl erfolgte in SAS. Die Teilmengen sollten dabei ca. 70% bzw. 30% der Elemente enthalten.

[28]Dieser Test setzt wiederum die multivariate Normalverteilung der Teilgesamtheiten voraus.

Schritt	Variable	Standardisierte Koeffizienten	Mittelwert Boni=0 (N=1304)	Mittelwert Boni=1 (N=657)
1	Laufzeit	0,657	39,68	52,61
2	Verheiratet	-0,528	0,64	0,40
3	Niederlassung6	0.344	0,18	0,35
4	Niederlassung7	0,299	0,01	0,04
5	Quali:angelernt	0,299	0,09	0,22
6	Alter	-0,276	35,31	30,04
7	Haushaltsgröße	0,153	2,55	2,46
8	Nation	0,142	0,03	0,07
9	Niederlassung2	0,168	0,13	0,14
10	Region8	0,174	0,02	0,06
11	Branche:Prod.Gewerbe	-0,135	0,31	0,23
12	Quali:unbekannt	0,089	0,18	0,17
13	Region4	0,287	0,12	0,10
14	Niederlassung4	-0,260	0,15	0,07
15	Region5	0,135	0,02	0,04
16	Ledig	-0,188	0,30	0,47
17	Nettoeink.Kredn1	0,119	2066	2103
18	Quali:beson.Ausbildung	-0,101	0,05	0,02
19	Frau	0,091	0,01	0,01
20	Beschäf.dauer	-0,084	80,46	48,31
21	Quali:Zeitsoldat(Z6/8/15)	-0,069	0,01	0,01
22	Niederlassung8	-0,065	0,001	0,00
23	Vorkredit	-0,061	0,01	0,01

Tabelle 7.1: LDA: Diskriminatorische Bedeutung der Variablen

Um die Trennfähigkeit der einzelnen Merkmale zu beurteilen, sind in Tabelle 7.1 die auf Basis der gepoolten Kovarianzmatrix standardisierten Diskriminanzkoeffizienten dargestellt. Die zunächst errechneten unstandardisierten Koeffizienten werden dabei innerhalb von SAS so normiert, daß $Var\, y = 1$ gilt. Die Rohkoeffizienten werden dann standardisiert, indem sie mit der Standardabweichung des jeweiligen Merkmals multipliziert werden.

Der Betrag des von Skalierungseffekten bereinigten Koeffizienten kann nun als marginaler Einfluß der jeweiligen Variable auf das Klassifizierungsmerkmal interpretiert werden ([68], S.250).

Weiterhin läßt sich anhand des Vorzeichens der standardisierten Koeffizienten die Richtung des Einflusses der Variablen ablesen. Tritt z.B. ein negatives Vorzeichen auf, so bedeutet dies, daß bei Erhöhung der zugehörigen Variablen der Diskriminanzwert sinkt.

Um schließlich einen Hinweis darauf zu bekommen, ob sich die als wichtig erachtete Variablen auf die Kreditvergabeentscheidung positiv oder negativ auswirken, sind in den letzten beiden Spalten der Tabelle 7.1 die Stichprobenmittelwerte der Merkmale, getrennt für die beiden Klassen *gute* Kunden (Boni=0) und *schlechte* Kunden aufgeführt.

Die Variablen *Laufzeit* und *Verheiratet* sind eindeutig die Merkmale mit der größten Wichtigkeit für die Analyse. Dabei stellt sich heraus, daß die Laufzeit der Kreditfälle in der Gruppe der *schlechten* Kunden im Mittel mit 52,61 Monaten wesentlich höher ist als in der Gruppe der *guten* Kreditnehmer. Das deutet darauf hin, daß große Kreditlaufzeiten eher bei *schlechten* Kreditnehmern zu verzeichnen sind. Da allerdings hier aufgrund der neuen Gruppendefinition ein wesentlicher Anteil von Krediten mit langen Laufzeiten von der Analyse ausgeschlossen wurden (da diese noch nicht abgeschlossen waren), darf dem Merkmal keine übermäßige Bedeutung beigemessen werden.

Weiterhin läßt sich erkennen, daß der Anteil der verheirateten Kreditnehmer in der Klasse der *guten* Kunden ca. 64% ausmacht, während in der Lernstichprobe nur 40% der *schlechten* Kreditnehmer verheiratet waren. Das Merkmal *Verheiratet* wirkt sich also positiv auf die Kreditvergabeentscheidung aus. Das unterstreicht auch die Variable *Ledig*, die beim schrittweisen Verfahren im 16. Schritt aufgenommen wurde. In der Stichprobe sind 47% aller *schlechten* Kreditnehmer ledig, bei den *guten* sind es lediglich 30%[29].

Eine relativ große Bedeutung hat auch die Niederlassung des Kreditinstituts für die Vergabeentscheidung. So haben z.B. 35% aller *schlechten* Kreditnehmer ihren Antrag in der Niederlassung 6 gestellt. In der Gruppe der *guten* Kunden waren es lediglich 18%.

Gravierende Unterschiede in den Mittelwerten weisen zudem die für die Trennung wichtigen Merkmale *Alter* und *Beschäftigungsdauer* auf. So wirkt sich unter Umständen ein höheres Alter bzw. eine längere Beschäftigungszeit positiv auf die

---

[29]Diese Angaben müssen allerdings im Zusammenhang mit dem Stichprobenumfang der Gruppen betrachtet werden. So bedeutet 47% aller Kreditnehmer, daß 308 Kreditnehmer ledig waren; in der Klasse der *guten* Kunden waren es aber 391 Kreditnehmer (30% von 1304).

Zahlungsmoral des Kunden aus.

Nach der Durchführung der LDA ist es natürlich von besonderem Interesse, wie gut die erhaltene Diskriminanzfunktion die beiden Gruppen trennt. Für diese Überprüfung stehen eine Reihe von statistischen Tests zur Verfügung, die auf dem Gütemaß Wilks Λ basieren. Diese Größe ist definiert als

$$\Lambda = \frac{|\mathbf{W}|}{|\mathbf{T}|}, \tag{7.7}$$

wobei $|\mathbf{W}|$ die Determinante der Innergruppen-Streuungsmatrix und $|\mathbf{T}|$ entsprechend die Determinante der totalen Streuungsmatrix bezeichnet ([34], S.325). Das Maß läßt sich als Anteil der nicht erklärten Streuung an der Gesamtstreuung (der Gruppen) interpretieren ([10], S.184). Somit deuten kleine Werte von $\Lambda \in [0; 1]$ auf eine gute Trennung der Klassen hin.

Zur Überprüfung, ob die Diskriminanzfunktion die Gruppen signifikant trennt, kann nun z.B. folgende Prüfgröße errechnet werden:

$$\chi^2 = -[n - \frac{P + J}{2} - 1] \ln \Lambda. \tag{7.8}$$

Dabei ist n der Gesamtstichprobenumfang, P die Anzahl der Variablen und J die Anzahl der Gruppen. Unter

H_0 : Die beiden Gruppen unterscheiden sich nicht

ist (7.8) approximativ χ^2-verteilt mit $P(J - 1)$ Freiheitsgraden. H_0 wird zum Signifikanzniveau α abgelehnt, wenn $\chi^2 > \chi^2_{P(J-1);\alpha}$. Die getroffene Verteilungsannahme gilt allerdings nur bei vorliegender Normalverteilung mit gleichen Kovarianzmatrizen in den Gruppen ([34], S.326). Da diese Voraussetzung hier nicht erfüllt ist, kann das Ergebnis des Tests höchstens Hinweise auf die Trennkraft der Diskriminanzfunktion geben.

Im vorliegenden Beispiel ergibt sich für Wilks Λ ein Wert von $0,7063$. Daraus erhält man einen Prüfgrößenwert von $\chi^2 = 677,051$, der selbst auf kleinstem α-Niveau zur Ablehnung von H_0 führt. Man kann also vermuten, daß die Diskriminanzfunktion die Gruppen signifikant trennt.

Als nächstes sollen die Klassifikationsergebnisse der Lern- und Teststichprobe näher betrachtet werden. Die Tabellen in 7.2 zeigen dazu sowohl die absolute

Lernstichprobe				Teststichprobe			
	wahre Klasse				wahre Klasse		
	gut	*schlecht*			*gut*	*schlecht*	
klassifiziert	980	171	1151	klassifiziert	397	91	488
als *gut*	(75,15%)	(26,03%)		als *gut*	(71,15%)	(29,26%)	
klassifiziert	324	486	810	klassifiziert	161	220	381
als *schlecht*	(24,85%)	(73,97%)		als *schlecht*	(28,85%)	(70,74%)	
	1304	657	1961		558	311	869

Tabelle 7.2: Klassifikationsergebnis LDA

Anzahl der richtig und falsch klassifizierten Elemente als auch die prozentualen Fehlerraten bzw. den Anteil der richtig eingeordneten Kreditnehmer (in Klammern) von Lern- und Teststichprobe. Die Gesamtfehlklassifikationsrate beträgt in der Lernstichprobe somit 25,24%, in der Teststichprobe hingegen 29%. Das heißt, der Resubstitutionsschätzer ist hier zu optimistisch, und die Klassifizierungsergebnisse mit Hilfe einer unabhängigen Teststichprobe sind eindeutig schlechter. Durch die Annahme, daß sich die a priori-Wahrscheinlichkeiten und die Kosten in ihrer Wirkung aufheben, erhält man für den α- und β-Fehler ungefähr gleichhohe Ergebnisse.

Um zu beurteilen, ob die erhaltene Entscheidungsregel für das Kreditinstitut die „bestmögliche" Lösung für die Bonitätsprüfung bietet, bedarf es des Vergleichs mit den Klassifikationsergebnissen von Credit-Scoring-Modellen auf Basis anderer statistischer Verfahren (z.B. CART oder LR).

Zunächst kann hier nur überprüft werden, ob das vorliegende Modell die Kreditnehmer besser klassifiziert als das bei zufälliger Zuordnung der Elemente zu einer der beiden Gruppen der Fall ist. Wie in Kapitel 7.3.4 beschrieben, genügt es bei den bezüglich a priori-Wahrscheinlichkeiten und Kosten getroffenen Annahmen, wenn die Summe der individuellen Fehlerraten (d.h. α- und β-Fehler) kleiner als 1 ist, um Vorteile gegenüber den Zufallsmodellen *Maximum-Chance* bzw. *Proportional-Chance* zu erzielen. Da hier $\hat{\epsilon}_{GS} + \hat{\epsilon}_{SG} = 0,2485 + 0,2603 = 0,5088$ bzw. für die Teststichprobe $\hat{\epsilon}_{GS} + \hat{\epsilon}_{SG} = 0,2885 + 0,2926 = 0,5811$ gilt, ist das Diskriminanzanalysemodell den Zufallsverfahren überlegen.

7.4.5   Ergebnisse der logistischen Regression

Unter Zugrundelegung der gleichen Aufteilung der Analysestichprobe in Lern-
und Teststichprobe wie bei der LDA wird im folgenden ein Credit-Scoring-Modell
mit Hilfe der schrittweisen logistischen Regression entwickelt.

Aus Vergleichbarkeitsgründen mit den anderen Klassifikationsmodellen soll auf
die Transformation der stetigen Variablen zur besseren Modellanpassung (siehe Kapitel 4.4) verzichtet werden. Außerdem haben Auswertungen im Vorfeld
der Analyse gezeigt, daß durch die Einführung von neuen z.b. logarithmierten
Merkmalen[30] die Klassifikationsgüte nicht verbessert werden kann.

Tabelle 7.3 zeigt die bei der schrittweisen Auswahlprozedur ausgewählten Variablen in der Reihenfolge, in der sie ins Modell aufgenommen wurden. Zur Interpretation der Auswirkung des Ergebnisses auf die Kreditvergabeentscheidung dienen
wiederum die Stichprobenmittelwerte der Variablen innerhalb der zwei Gruppen.
Es zeigt sich ein sehr ähnliches Bild wie bei der LDA. Die ersten 10 ausgewählten
Variablen bei der schrittweisen LDA entsprechen exakt denen bei der Auswahl
mit dem logistischen Modell. Alle hier als wichtig erachteten Merkmale waren
auch bei der Diskriminanzanalyse von Bedeutung. Lediglich die in Schritt 21 bis
23 bei der LDA ausgewählten Variablen fehlen im Klassifikationsmodell der logistischen Regression. Dementsprechend kann die Interpretation in bezug auf die
Kreditwürdigkeit analog zu der in Kapitel 7.4.4 erfolgen.

Es soll nun die Güte des Modells näher untersucht werden. Wie in Kapitel 4.4
beschrieben, wird dazu der Hosmer-Lemeshow-Test benutzt. Bei der Bildung von
10 Kategorien ($S = 10$) ergibt sich für die Prüfgröße $HL = 6,1256$. Der p-Wert
beträgt $p = 0,6332$. Es spricht nichts gegen die Verwendung des Modells zur
Anpassung an die empirischen Daten.

Bei der Klassifizierung der Kreditnehmer aus Lern- und Teststichprobe erhält
man die in Tabelle 7.4 dargestellten Fehlerraten. Damit ergibt sich für die Lernstichprobe eine Gesamtfehlklassifikationsrate von 25,45% und für die Teststichprobe entsprechend von 28,77%.

---

[30]So wurde in den Voruntersuchungen z.B. log($Alter$) und log($Laufzeit$), sowie $\sqrt{Alter}$ bzw.
$\sqrt{Laufzeit}$ zusätzlich ins Modell aufgenommen.

Schritt	Variable	Standardisierte Koeffizienten	Mittelwert Boni=0 (N=1304)	Mittelwert Boni=1 (N=657)
1	Laufzeit	0,657	39,68	52,61
2	Verheiratet	-0,528	0,64	0,40
3	Niederlassung6	0.344	0,18	0,35
4	Niederlassung7	0,299	0,01	0,04
5	Quali:angelernt	0,299	0,09	0,22
6	Alter	-0,276	35,31	30,04
7	Haushaltsgröße	0,153	2,55	2,46
8	Nation	0,142	0,03	0,07
9	Niederlassung2	0,168	0,13	0,14
10	Region8	0,174	0,02	0,06
11	Beschäf.dauer	-0,084	80,46	48,31
12	Region4	0,287	0,12	0,10
13	Niederlassung4	-0,260	0,15	0,07
14	Region5	0,135	0,02	0,04
15	Ledig	-0,188	0,30	0,47
16	Branche:Prod.Gewerbe	-0,135	0,31	0,23
17	Quali:beson.Ausbildung	-0,101	0,05	0,02
18	Nettoeink.Kredn1	0,119	2066	2103
19	Quali:unbekannt	0,089	0,18	0,17
20	Frau	0,091	0,01	0,01

Tabelle 7.3: LR: Diskriminatorische Bedeutung der Variablen

Im Vergleich zur linearen Diskriminanzanalyse läßt sich somit feststellen, daß die Resubstitutionsschätzung etwas höher, die Teststichprobenschätzung hingegen ein wenig geringer ausfällt.

Um den Einfluß der bei der LDA in den letzten drei Schritten aufgenommenen Variablen (*Quali: Zeitsoldat (Z6/8/15), Niederlassung 8, Vorkredit*) auf die Klassifikationsergebnisse zu beurteilen, wurde die LDA ohne diese drei Merkmale noch einmal durchgeführt. Das bedeutet, der Vergleich der Fehlerraten beruht nun auf Modellen mit den gleichen Variablen. Es ergeben sich hier für die LDA Gesamtfehlerraten von 24,89% für die Lernstichprobe und 29,34% für die Teststichprobe.

Auffällig ist zunächst, daß der Resubstitutionsschätzwert hier sogar kleiner ist als bei Hinzunahme der drei Variablen (siehe Kapitel 7.4.4). Das heißt, die letzten drei Variablen wurden aufgrund ihres $\tilde{F}$ bei der schrittweisen Variablenaus-

Lernstichprobe				**Teststichprobe**		
	wahre Klasse				wahre Klasse	
	gut	*schlecht*			*gut*	*schlecht*
klassifiziert	967	162	1129	klassifiziert	394	86	480
als *gut*	(74,16%)	(24,66%)		als *gut*	(70,61%)	(27,65%)	
klassifiziert	337	495	832	klassifiziert	164	225	389
als *schlecht*	(25,84%)	(75,34%)		als *schlecht*	(29,39%)	(72,35%)	
	1304	657	1961		558	311	869

Tabelle 7.4: Klassifikationsergebnis LR

wahl als wichtig erachtet, in bezug auf das vorrangige Analyseziel – nämlich ein möglichst gutes Klassifizierungsergebnis – sind sie zumindest bei Klassifizierung der Lernstichprobe nicht von Nutzen. Bei Klassifizierung der Elemente aus der Teststichprobe hingegen tragen diese drei Variablen ein wenig zur Verbesserung des Ergebnisses bei.

Vergleicht man nun – bei gleichen dem Modell zugrundeliegenden Variablen – die Ergebnisse von LR und LDA, so stellt man fest, daß unter diesen Voraussetzungen der Teststichprobenschätzwert bei der logistischen Regression etwas geringer, d.h. dieses Modell geringfügig besser zur Klassifizierung geeignet ist.

Der Vergleich der Klassifizierungsergebnisse der LR mit dem *Maximum-Chance-* und *Proportional-Chance*-Kriterium zeigt, daß das statistische Klassifikationsverfahren den Zufallsmodellen deutlich überlegen ist, da hier die Summe der individuellen Fehlerraten 0,505 für die Lernstichprobe bzw. 0,5704 für die Teststichprobe beträgt und somit die Forderung $\hat{\epsilon}_{GS} + \hat{\epsilon}_{SG} < 1$ erfüllt ist.

7.4.6   Ergebnisse von CART

Der Aufbau des Entscheidungsbaums im Rahmen der CART-Analyse erfolgte mit Hilfe der 10-fachen CV-Fehlerratenschätzung bei Anwendung der 1-Standardfehler-Regel. Unter Verwendung der Lernstichprobe bestehend aus 1961 Beobachtungen ergibt sich der in Abbildung 7.2 dargestellte Entscheidungsbaum mit 8

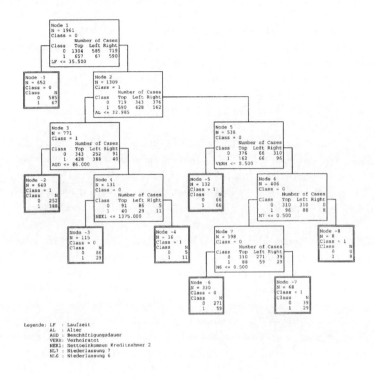

Abbildung 7.2: *Der CART-Baum*

Endknoten.

In jedem Zwischenknoten läßt sich sowohl die Anzahl der Elemente, die in diesem Knoten „ankommen" (N), als auch die Anzahl der Fälle, die dem linken bzw. rechten Tochterknoten – getrennt nach Klassenzugehörigkeit – zugeordnet werden, erkennen. Außerdem ist die Variable, anhand derer die Aufteilung des Knotens erfolgt, mit ihrem Splitwert angegeben.

So wird z.B. im Wurzelknoten (Node 1) jeder Kreditnehmer, dessen Kredit eine Laufzeit von weniger als 35,5 Monaten aufweist, dem linken Tochterknoten zugeordnet. Ansonsten gelangt er in den rechten Tochterknoten.

In den Endknoten (doppelt gerahmt) ist jeweils deren Klassenzugehörigkeit (Class), sowie die Anzahl *guter* und *schlechter* Kreditnehmer aus der Lernstichprobe, die dem Endknoten zugeordnet werden, angegeben.

Zum Beispiel wird dem Knoten „Node -1" die Klasse *guter* Kunde (Class=0) zugewiesen. Von den 652 Kreditnehmern, die in diesem Endknoten vertreten sind, sind allerdings 67 *schlechte* Kunden. Diese wurden folglich fehlklassifiziert.

Als Splitvariablen werden hier lediglich 7 Merkmale ausgewählt. Bis auf die Variable *Nettoeinkommen des Kreditnehmers 2* waren alle Merkmale auch bei der LDA und LR im Modell enthalten. Die *Laufzeit* ist auch bei CART das wichtigste Merkmal, da bereits 652 der 1961 Beobachtungen aus der Lernstichprobe allein mit Hilfe dieser Variable einer der beiden Klassen zugeordnet werden können.

Mit Hilfe des Entscheidungsbaums können neue Kreditnehmer, deren Klassenzugehörigkeit unbekannt ist, leicht anhand der Ausprägungen der Splitvariablen klassifiziert werden. Weiß man beispielsweise von einem Antragsteller, daß seine Kreditlaufzeit 40 Monate betragen wird, er 50 Jahre alt und unverheiratet ist, so wird er der Klasse der *schlechten* Kunden zugeordnet. Ob diese Zuordnung aus betriebswirtschaftlichen Gesichtspunkten sinnvoll ist, muß das Kreditinstitut entscheiden. Der vorliegende Entscheidungsbaum führt zumindest unter den getroffenen Annahmen zur bestmöglichen Gruppentrennung mit CART.

Wie schon in Kapitel 7.2.3 erläutert, lassen sich bei der CART-Analyse weitere entscheidungsrelevante Größen bestimmen, die die Zuordnung der Kreditkunden zu einem der Endknoten betreffen. In Tabelle 7.5[31] sind dazu die Nummer des Endknotens, die Anzahl der *guten* (0) und *schlechten* (1) Kreditnehmer aus der Lernstichprobe, die diesem Knoten zugeordnet werden, und die Klassenzugehörigkeit des jeweiligen Endknotens dargestellt.

Um die geschätzte Wahrscheinlichkeit, daß ein Kunde einem bestimmten Endknoten zugewiesen wird ($\hat{P}(t)$) zu errechnen, bedarf es der genauen Angabe der a priori-Wahrscheinlichkeiten $\hat{\pi}(0)$ bzw. $\hat{\pi}(1)$. Bisher wurde lediglich unterstellt, daß $\frac{C(1|0)}{C(0|1)} = \frac{\hat{\pi}(1)}{\hat{\pi}(0)}$, d.h. die Höhe der a priori-Wahrscheinlichkeiten und Einzelkosten spielten keine Rolle. Nimmt man z.B. an, daß $\hat{\pi}(0) = 0,93$, $\hat{\pi}(1) = 0,07$ und

---

[31]Eine Tabelle mit ähnlichem Aufbau findet sich bei Hoffmann ([61]).

Nr.	Zahl der Elemente	Klassen-zugehörigkeit	$\widehat{P}(t)$	erwartete Kosten	$\widehat{P}(j|t)$	
-1	0: 585	0	0,4244	1,563	0:	0,9832
	1: 67				1:	0,0168
-2	0: 252	1	0,2211	5,690	0:	0,8129
	1: 388				1:	0,1871
-3	0: 86	0	0,0644	4,462	0:	0,9523
	1: 29				1:	0,0477
-4	0: 5	1	0,0047	5,311	0:	0,7587
	1: 11				1:	0,2413
-5	0: 66	1	0,0541	6,091	0:	0,8701
	1: 66				1:	0,1299
-6	0: 271	0	0,1996	2,929	0:	0,9685
	1: 59				1:	0,0315
-7	0: 39	1	0,031	6,301	0:	0,9001
	1: 29				1:	0,0999
-8	0: 0	1	0,0009	0	0:	0
	1: 8				1:	1

Tabelle 7.5: Endknoteninformationen

entsprechend $C(1|0) = 7$, $C(0|1) = 93$[32], so ergeben sich die in Tabelle 7.5 in der 4. Spalte errechneten geschätzten Wahrscheinlichkeiten

$$\widehat{P}(t) = \widehat{\pi}(0)\frac{N_0(t)}{N_0} + \widehat{\pi}(1)\frac{N_1(t)}{N_1}, \qquad (7.9)$$

wobei $N_j(t)$ die Anzahl der Elemente aus der Klasse j $(j = 0, 1)$ im Knoten t und N_j entsprechend die Gesamtanzahl der Elemente aus j darstellen.

Weiterhin lassen sich die erwarteten Fehlklassifikationskosten für einen Kunden, gegeben er wird dem entsprechenden Endknoten zugeordnet, angeben. So erhält man als erwartete Fehlklassifikationskosten für einen Kreditnehmer, der einem *guten* Knoten zugeordnet wird:

$$\frac{C(0|1) \cdot \widehat{\pi}(1) \cdot \frac{N_1(t)}{N_1}}{\widehat{P}(t)}.$$

---

[32]Dieses Verhältnis wird z.B. von Häußler ([54]) unterstellt.

Entsprechend gilt für einen Kunden, der einem *schlechten* Knoten zugeteilt wird:

$$\frac{C(1|0) \cdot \widehat{\pi}(0) \cdot \frac{N_0(t)}{N_0}}{\widehat{P}(t)}.$$

Die erwarteten Kosten sind in der 5. Spalte der Tabelle 7.5 errechnet. Man kann also beispielsweise im Endknoten -1 für jeden Kunden im Mittel mit Kosten in Höhe von 1,56 Geldeinheiten rechnen.

Die letzte Spalte von Tabelle 7.5 gibt die geschätzten (bedingten) Wahrscheinlichkeiten für eine richtige bzw. falsche Klassifikation, gegeben man befindet sich im Knoten t, an. Diese errechnen sich aus

$$\widehat{P}(j|t) = \frac{\widehat{\pi}(j) \cdot \frac{N_j(t)}{N_j}}{\widehat{P}(t)} \qquad j = 0, 1.$$

In den Endknoten, die den Kreditnehmer als *gut* klassifizieren (Knoten -1, -3, -6), ist die Wahrscheinlichkeit für eine falsche Klassifizierung sehr gering, da durch das hohe Kostenverhältnis von 93:7 möglichst wenige *schlechte* Kunden fehlklassifiziert werden sollen. Andererseits ergibt sich dadurch bei den *schlechten* Endknoten eine hohe Fehlklassifikationswahrscheinlichkeit der *guten* Kreditnehmer.

Die Wichtigkeit der einzelnen Variablen relativ zum Merkmal mit der höchsten Bedeutung wird in Anhang F.3, S.229 dargestellt[33]. Dabei bleibt zu beachten, daß hier auch Variablen verzeichnet sind, die nicht als Splitmerkmale im Entscheidungsbaum fungieren. Diese sind u.a. in ihrer Eigenschaft als Ersatzsplits bei fehlenden Merkmalswerten von Bedeutung[34].

Bei der Klassifizierung der Elemente aus Lern- und Teststichprobe erhält man die in Tabelle 7.6 dargestellten Ergebnisse. Somit beträgt die Gesamtfehlklassifikationsrate in der Lernstichprobe 26,36% und in der Teststichprobe 30,61%. Die Klassifikationsgüte ist also beim CART-Verfahren in dieser speziellen Aufteilung von Lern- und Teststichprobe geringer als bei LDA und LR.

Den Zufallsmodellen (*Maximum-Chance, Proportional-Chance*) allerdings ist CART deutlich überlegen, da $\widehat{c}_{GS} + \widehat{c}_{SG} < 1$ für Lern- wie Teststichprobenfehlerraten gilt.

---

[33]Zur Berechnung siehe Kapitel 5.7.3.2.

[34]Aus Vergleichbarkeitsgründen mit LDA und LR wurde auf die Definition von fehlenden Merkmalswerten, z.B. bei *Qualifikation: unbekannt* verzichtet.

Lernstichprobe				Teststichprobe			
	wahre Klasse				wahre Klasse		
	gut	*schlecht*			*gut*	*schlecht*	
klassifiziert	942	155	1097	klassifiziert	385	93	478
als *gut*	(72,24%)	(23,59%)		als *gut*	(69,00%)	(29,90%)	
klassifiziert	362	502	964	klassifiziert	173	218	391
als *schlecht*	(27,76%)	(76,41%)		als *schlecht*	(31,00%)	(70,10%)	
	1304	657	1961		558	311	869

Tabelle 7.6: Klassifikationsergebnis CART

7.4.7   Vergleich der Verfahren anhand der Klassifikationsergebnisse

Beim Vergleich der 3 Verfahren in den letzten Kapiteln ließ sich feststellen, daß LR und LDA vergleichbare Ergebnisse bezüglich der Höhe der Fehlklassifikationsraten, CART hingegen schlechtere Resultate aufwies. Dabei wurde allerdings nur eine spezielle Aufteilung von Lern- und Teststichprobe zugrunde gelegt. Wie bereits in Kapitel 6 gezeigt wurde, kann eine andere Zerlegung der Analysestichprobe durchaus das Klassifikationsergebnis verändern.

Deshalb sollen im folgenden die Fehlklassifikationsraten der drei Methoden bei unterschiedlicher Aufteilung in Lern- und Teststichprobe verglichen werden.

Dazu wird die Analysestichprobe zehnmal zufällig in Lern- und Teststichprobe zerlegt, wobei die Lernstichprobe wie vorher jeweils ca. 70% der Datensätze enthält. Sowohl für die schrittweise LR und LDA als auch für CART bildet man anschließend mit diesen 10 Stichproben das Entscheidungsmodell. Die Teststichproben stehen nur zur Überprüfung der Güte der entsprechenden Entscheidungsregel zur Verfügung.

Tabelle 7.7 zeigt die Gesamtfehlerraten der drei Verfahren getrennt nach Lern- und Teststichprobenklassifizierung. Zunächst läßt sich erkennen, daß sich tendenziell die Resultate der vorhergehenden Kapitel bestätigen. Betrachtet man den Mittelwert der Gesamtfehlerraten, so ist sowohl bei der Resubstitutions- als auch

	Lernstichprobe			Teststichprobe		
Aufteilung	LDA	LR[35]	CART	LDA	LR	CART
1	25,75%	26,30%	29,24%	26,85%	27,20%	30,72%
2	25,24%	26,72%	31,76%	28,08%	28,77%	29,92%
3	25,16%	25,72%	31,14%	28,54%	28,77%	29,47%
4	25,70%	25,36%	28,37%	28,00%	27,51%	31,72%
5	24,88%	25,04%	25,81%	27,25%	28,85%	30,22%
6	24,27%	25,87%	28,37%	26,57%	27,78%	30,31%
7	26,45%	26,60%	29,84%	27,36%	28,69%	32,81%
8	25,94%	26,04%	31,45%	27,23%	26,64%	31,92%
9	25,94%	26,09%	30,98%	26,61%	27,62%	34,39%
10	25,44%	26,25%	29,27%	27,22%	28,40%	30,06%
Mittelwert	25,58%	25,99%	29,62%	27,37%	28,02%	31,15%
Standardabw.	0,466	0,524	1,827	0,651	0,779	1,544

Tabelle 7.7: Gesamtfehlerraten bei verschiedenen Aufteilungen von Lern- und Teststichprobe

bei der Teststichprobenschätzung die lineare Diskriminanzanalyse das Verfahren, welches die besten Klassifikationsergebnisse erzielt. Die LR-Modelle klassifizieren die Elemente aus Lern- und Teststichprobe nur geringfügig schlechter, während CART besonders bei der Resubstitutionsschätzung höhere Fehlerraten aufweist.

Weiterhin auffällig ist die im Vergleich relativ große Standardabweichung bei der Fehlerratenschätzung mit Hilfe des CART-Verfahrens. Durch verschiedene Aufteilungen von Lern- und Teststichprobe ergeben sich also recht unterschiedliche Klassifikationsergebnisse. Betrachtet man in diesem Zusammenhang die Struktur der auf den Resultaten basierenden Entscheidungsbäume, so läßt sich feststellen, daß diese sehr unterschiedlich ist. Während die Lernstichprobenfehlerraten unter 29% bei den Aufteilungen 4, 5 und 6 auf komplexen Entscheidungsregeln beruhen, (die Bäume weisen hier 8, 10 bzw. 7 Endknoten auf) basieren die höheren Fehlerraten der anderen Modelle im Vergleich dazu auf recht einfachen Regeln. 6 der 7 Bäume besitzen lediglich 4 bzw. 5 Endknoten.

---

[35] Die Variable *Niederlassung 8* wurde vernachlässigt, da im Zusammenhang mit ihr häufig eine quasi-totale Trennung des Stichprobenraums auftrat.

Die Komplexität der zugrundeliegenden Entscheidungsbäume wird bei CART allerdings maßgeblich durch die hier vorgegebene 1-Standardfehler-Regel bestimmt. Wie schon beschrieben (siehe Kapitel 5.5.3) soll durch Anwendung dieser Regel der einfachste Baum innerhalb einer Folge von Bäumen ohne allzu großen Genauigkeitsverlust ausgewählt werden. Setzt man also den zulässigen Standardfehler des CV-Schätzers herab, so entstehen komplexere Bäume, was u.U. auch eine geringere Lernstichprobenfehlerrate zur Folge haben kann.

Zum Abschluß soll noch kurz Anzahl und Art der in den Aufbau der Modelle einbezogenen wichtigen Variablen bei den vorliegenden Aufteilungen von Lern- und Teststichprobe diskutiert werden.

Durch die schrittweise LDA werden hier im Durchschnitt 25,8 Variablen zur Bildung der Entscheidungsregeln ausgewählt. Bei der schrittweisen LR beträgt die mittlere Anzahl der gewählten Variablen hingegen nur 19,2. Zieht man zum Vergleich die von CART benötigte Anzahl von Splitvariablen heran, so ergibt sich, daß im Mittel lediglich 4,5 Merkmale in den Entscheidungsprozeß einbezogen werden. Im Zusammenhang mit den erzielten Klassifikationsergebnissen aus Tabelle 7.7 wird folglich deutlich, daß die geringeren Fehlerraten von LDA und LR im Vergleich zu CART insbesondere durch eine sehr große Anzahl in der Analyse verwendeten Merkmalen „erkauft" werden.
CART liefert trotz der geringen Anzahl einbezogener Merkmale noch relativ zufriedenstellende Fehlerratenschätzungen.

Das für alle drei Verfahren wichtigste Merkmal ist die *Laufzeit* des Kredits. Bei CART fungiert diese Variable in allen 10 Aufteilungen als erstes Splitmerkmal (d.h. zum Split des Wurzelknotens), die schrittweisen Auswahlverfahren wählen die *Laufzeit* immer im ersten Analyseschritt aus.
Weiterhin wichtig sind sowohl bei LDA als auch bei LR die Variablen *Alter, Niederlassung 6, Niederlassung 7, Verheiratet, Nation, Qualifikation: angelernt* und *Haushaltsgröße*, die in jeder der 10 Lernstichproben zur Modellbildung verwendet wurden.
Bei CART hingegen spielt von den genannten Merkmalen lediglich das *Alter* eine große Rolle (in 9 von 10 Bäumen als Splitvariable verwendet). Wichtig ist hier insbesondere die Variable *Miete des Kreditnehmers 1*, die neunmal zur Aufteilung der Knoten dient. Insgesamt werden bei CART in allen 10 Aufteilungen

überhaupt nur 11 verschiedene Merkmale als Splitvariable verwendet, während bei LDA und LR nahezu alle Variablen in irgendeiner der Lernstichproben mindestens einmal den Modellaufbau beeinflussen.

Zusammenfassend kann festgestellt werden, daß sich die Ergebnisse von LDA und LR in bezug auf Art und Anzahl der wichtigen einzubeziehenden Variablen, wie auch in der daraus resultierenden Größenordnung der Klassifikationsergebnisse kaum unterscheiden. Mit CART hingegen erzielt man zwar deutlich schlechtere Resultate bei den Fehlerraten, allerdings ergeben sich evtl. Vorteile bezüglich der geringen Anzahl der verwendeten Merkmale.

Eine Entscheidung darüber, inwieweit bei der Bonitätsprüfung Genauigkeitsverluste des Klassifizierungsergebnisses bei gleichzeitiger Kosten- und Zeitersparnis durch die Beschränkung der als relevant erachteten Merkmale akzeptiert werden können, muß das Kreditinstitut selbst entscheiden, und somit das für sie geeignete statistische Analyseverfahren auswählen.

7.4.8　Bagging

Bisher wurden zum Aufbau des Credit-Scoring-Modells lediglich einfache Entscheidungsregeln verwendet. Es fragt sich, ob der Einsatz multipler Regeln den geschätzten Vorhersagefehler, der hier bei den drei Verfahren in der Teststichprobe zwischen 26,57% (LDA) und 34,39% (CART) liegt, verringert.

Da die Implementierung der aggregierten Klassifikationsregeln sich mit der zur Verfügung stehenden statistischen Software bei einer großen Anzahl von Variablen extrem schwierig gestaltet, wurde lediglich der in Kapitel 6.3.5 vorgestellte Bagging-Ansatz für die Analyse verwendet.

Dabei wird noch einmal die Aufteilung der Analysestichprobe, wie sie in Kapitel 7.4.3 erfolgte, zugrundegelegt.
Aus den 1961 Beobachtungen in der Lernstichprobe sind für jedes der drei Verfahren 35 Bootstrap-Stichproben gezogen und daraus jeweils 35 Entscheidungsregeln auf Basis von schrittweiser LDA, LR und CART gebildet worden. Anschließend erfolgte die Klassifizierung durch Mehrheitsentscheid.

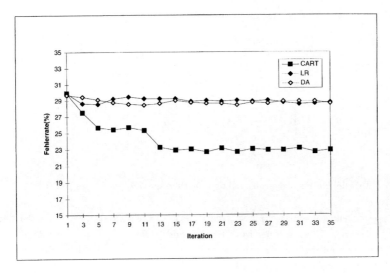

Abbildung 7.3: *Ergebnisse der Schätzung des Fehlers mit Bagging*

Zur Rechenzeitverringerung werden beim Aufbau der Bäume mit Hilfe von CART anstatt der bisher benutzten CV-Schätzung unabhängige Teststichproben verwendet. Diese Teststichproben stellen ebenfalls Bootstrap-Stichproben, die aus der Lernstichprobe gezogen wurden, dar (siehe [17]).

Bei der schrittweisen LR wurden die Variablen *Niederlassung 8, Qualifikation: Zeitsoldat (Z6/Z8/Z15)* und *Qualifikation: Zeitsoldat (Z10/Z12)* von der Analyse ausgeschlossen, da die Einbeziehung dieser Merkmale aufgrund der geringen Anzahl der Kunden, die diese Merkmale aufweisen, oft zur quasi-totalen Aufteilung des Stichprobenraums führt.

Abbildung 7.3 stellt die Ergebnisse der geschätzten Gesamtfehlerraten in Abhängigkeit der durchgeführten Iterationen dar. Nach Aggregation der 35 Regeln ergab sich bei der LDA ein Gesamtvorhersagefehler von 28,65%, bei der logistischen Regression von 28,77% und für CART schließlich 22,9%.

Betrachtet man zum Vergleich zunächst noch einmal die Fehlerraten, die mit Hilfe der einfachen Entscheidungsregeln erzielt wurden, so läßt sich feststellen, daß der geschätzte Fehler bei der LDA durch Verwendung der multiplen Regel leicht

Häufigkeit der richtigen Vorhersage	LDA	LR	CART
0 - 5	175	171	22
6 - 10	27	41	52
11 - 15	37	27	74
16 - 20	18	28	111
21 - 25	36	23	151
26 - 30	41	49	173
31 - 35	535	530	286

Tabelle 7.8: Häufigkeit der richtigen Vorhersage der Teststichprobenelemente

gesunken ist (vorher: 29%), während er bei der LR auf gleichem Niveau verbleibt (vorher: 28,77%). Bei der Durchführung von Bagging auf Basis von CART ergibt sich hingegen eine gravierende Senkung des Gesamtvorhersagefehlers in der Teststichprobe (vorher: 30,61%).

Wie aus Abbildung 7.3 deutlich wird, ist bereits nach Kombination von 15 Entscheidungsregeln bei CART ein geschätzter Fehler von nur noch 22,9% erreicht worden, während sich dieser bei der LDA und LR über alle 35 Iterationen kaum verändert.

Zur Klärung der Frage, warum sich diese unterschiedlichen Kurvenverläufe für die drei Verfahren ergeben, sollen die Einzelvorhersagen für die Kreditnehmer in der Teststichprobe etwas näher betrachtet werden. Tabelle 7.8 zeigt dazu, wieviel Beobachtungen wie häufig durch die 35 Entscheidungsregeln richtig klassifiziert wurden. Man erkennt z.B., daß bei LDA und LR 175 bzw. 171 Kreditnehmer durch 30 bis 35 Regeln der falschen Klasse zugeordnet werden. Bei CART hingegen sind es nur 22 Kunden. Eine relativ große Anzahl von Beobachtungen (111) wird durch die Einzelregeln mit CART 16- bis 20mal richtig klassifiziert. Da die endgültige Klassenzugehörigkeit bei Bagging durch Mehrheitsentscheid getroffen wird, liegt gerade in diesem Bereich das große Potential der Vorhersageverbesserung. Wird ein Kreditnehmer bei Einbeziehung von 35 Einzelregeln nie oder nur selten der richtigen Klasse zugeordnet, so kann man erwarten, daß sich dieses auch bei Erhöhung der Anzahl der zu kombinierenden Regeln nicht ändert.

Ein weiteres wichtiges Ergebnis läßt sich in diesem Zusammenhang aus Tabelle 7.8 ableiten. Die mit Abstand größte Anzahl von Kreditnehmern findet man bei LDA und LR in den Bereichen 0 - 5 bzw. 31 - 35 richtiger Vorhersagen. Das bedeutet, daß diese Beobachtungen immer wieder in die gleiche Klasse eingeordnet werden, egal welche der Einzelregeln man zugrundelegt. Daraus läßt sich wiederum die Schlußfolgerung ziehen, daß die 35 durch Bootstrap erhaltenen Regeln wahrscheinlich in ihrer Struktur sehr ähnlich sind.

Das bestätigt sich, wenn man die Variablen betrachtet, die jeweils bei den schrittweisen Verfahren als Grundlage zum Aufbau der Modelle dienen. Sowohl bei LDA als auch bei LR werden im Prinzip immer wieder die gleichen Merkmale als wichtig erachtet und somit zur Regelbildung verwendet. Die sich ergebenden Modelle sind sich also sehr ähnlich.

Bei CART hingegen ist die Struktur der 35 Entscheidungsbäume recht unterschiedlich, und so werden die Elemente der Teststichprobe nicht unbedingt immer der gleichen Klasse zugeordnet.

Abschließend läßt sich also feststellen, daß die schrittweisen Auswahlverfahren hier stabile Entscheidungsregeln liefern, mit deren Hilfe keine Möglichkeit zur Verringerung des Vorhersagefehlers besteht. Die Bildung multipler Regeln auf Basis von CART ermöglicht hingegen eine deutliche Reduzierung des Gesamtfehlers.

Allerdings soll noch einmal betont werden (siehe auch Kapitel 6.3.5), daß sich durch die Verwendung von Bagging die Interpretation des Klassifikationsergebnisses äußerst schwierig gestaltet.

Während beim Aufbau eines Credit-Scoring-Modells, welches auf einer Einzelregel basiert, viele – zum Teil betriebswirtschaftliche – Zusatzinformationen aus dem Entscheidungsbaum gewonnen werden können, ist diese detaillierte Auswertung bei Erstellung multipler Entscheidungsregeln nur sehr begrenzt möglich.

Kapitel 8

Schlußbetrachtung

In der vorliegenden Arbeit wurden zunächst mit der linearen Diskriminanzanalyse, der logistischen Regression und CART drei unterschiedliche statistische Klassifizierungsmethoden vorgestellt.

Zur Beurteilung der Güte der Verfahren bezüglich des resultierenden Vorhersagefehlers dienten künstlich generierte Datensätze.

Zunächst ließ sich feststellen, daß die Höhe der erzielten Fehlerraten bei den drei zu vergleichenden Klassifikationsmethoden sehr stark von der Struktur der betrachteten Beispieldaten abhängt. Das bedeutet letztendlich, daß keines der verwendeten Verfahren für jede mögliche Problemstellung als die „beste" Methode bezeichnet werden kann. Vielmehr muß in Abhängigkeit von der jeweiligen Stichprobensituation entschieden werden, welches Verfahren vorzuziehen ist.

Weiterhin fiel auf, daß die Ergebnisse sowohl beim CART-Verfahren als auch in beschränktem Maße bei den schrittweisen Auswahlverfahren von der Wahl der zugrundeliegenden Stichprobe beeinflußt werden. Das heißt insbesondere, daß kleine Änderungen in den Lerndaten unter Umständen große Änderungen des Vorhersageergebnisses bewirken.

Um diese Instabilität der zugrundeliegenden Entscheidungsregeln besser zu verstehen, können Bias- und Varianzdefinitionen angegeben werden, die letztendlich als Einzelkomponenten des Vorhersagefehlers zu interpretieren sind.

Es stellte sich heraus, daß es möglich ist, durch den Einsatz aggregierter Entscheidungsregeln, bei denen durch Mehrheitsentscheid die Klassenzugehörigkeit festgelegt wird, eine Varianzreduktion und somit gleichzeitig die Verringerung des Fehlers zu erreichen.

In diesem Zusammenhang wurde auch die Wirkungsweise der auf Bootstrap-Ansätzen basierenden multiplen Entscheidungsverfahren Bagging und Arcing überprüft. Es zeigte sich dabei, daß insbesondere bei Instabilität der verwendeten Entscheidungsregel diese beiden Algorithmen zu verbesserten Vorhersageergebnissen führen.

Der letzte Teil der Arbeit beschäftigte sich mit der praktischen Anwendung der Klassifizierungsverfahren im Bereich der Kreditwürdigkeitsprüfung. Nach einer Diskussion der Probleme, die mit der Anwendung der Verfahren in diesem Fall verbunden sind, wurde eine empirische Untersuchung anhand eines realen Datensatzes vorgenommen. Dabei zeigte sich im Vergleich der drei Klassifizierungsmethoden, daß sich die geschätzten Fehler bei der schrittweisen logistischen Regression und der linearen Diskriminanzanalyse nur geringfügig unterscheiden, während die mit CART erzielte Fehlerrate etwas höher ist.

Der Einsatz multipler Entscheidungsregeln auf Basis des CART-Verfahrens führte auch in diesem Beispiel zu einer drastischen Verringerung des Vorhersagefehlers. Anderseits ist die Verwendung von Bootstrap-Ansätzen beim CART-Verfahren mit Interpretationsverlusten verbunden, da die einfache und anschauliche Darstellung des Ergebnisses der Klassifizierungsanalyse in Form eines Entscheidungsbaums verloren geht.

An diesem Punkt, sowie auch in Hinblick auf die Integration des multiplen Ansatzes in die zur Verfügung stehende Software bedarf es sicherlich einer Weiterentwicklung der bestehenden Methoden.

Für die praktische Anwendung kann letztendlich die Empfehlung gegeben werden, zu Beginn der Klassifizierungsanalyse das anzuwendende Verfahren je nach Zielsetzung, Komplexität der Datenstruktur und zugrundeliegenden Modellannahmen sorgfältig auszuwählen. Im Zweifelsfall ist sicherlich die Durchführung der Analyse mit Hilfe verschiedener Verfahren angebracht, um im Vergleich die der Problemstellung am ehesten gerecht werdende Methode herauszufinden.

Anhang A

Progamme

A.1   Erzeugen der Stichproben

```
(* Erzeugen der 300 Stichproben: Ringnorm *)

proc iml;
anzahl=300;
ringsim=j(anzahl,21);
do i=1 to anzahl;

if uniform(0)<1/2  then
klasse=0;
else klasse=1;

do j=1 to 20;
ringsim[i,j]=normal(0)*(klasse+1)+(1-klasse)*1/sqrt(20);
end;
ringsim[i,21]=klasse;
end;


create exp1.ringlern from ringsim
  [colname= { v1 v2 v3 v4 v5 v6 v7 v8 v9 v10 v11 v12
      v13 v14 v15 v16 v17 v18 v19 v20 klasse }] ;
```

```
append from ringsim;
quit;



(* Erzeugen der 300 Stichproben: Twonorm *)

proc iml;
anzahl=300;
ringsim=j(anzahl,21);
do i=1 to anzahl;

if uniform(0)<1/2  then
klasse=0;
else klasse=1;

do j=1 to 20;
ringsim[i,j]=normal(0)+2*(1/2 - klasse)*2/sqrt(20);
end;
ringsim[i,21]=klasse;
end;

create exp4.twolern from ringsim
 [colname= { v1 v2 v3 v4 v5 v6 v7 v8 v9 v10 v11 v12
    v13 v14 v15 v16 v17 v18 v19 v20 klasse }] ;
append from ringsim;
quit;



(* Erzeugen der 300 Stichproben: Threenorm *)
proc iml;
anzahl=300;
threesim=j(anzahl,21);

do i=1 to anzahl;
zufall=uniform(0);
if zufall<1/4  then
klasse=0;
else if zufall<1/2
then klasse=2;
else klasse=1;
```

```
do j=1 to 20;
if (klasse=1 & int(j/2)=j/2) then threesim[i,j]=normal(0)-2/sqrt(20);
if (klasse=1 & int(j/2)<j/2) then threesim[i,j]=normal(0)+2/sqrt(20);
if klasse=0 then threesim[i,j]=normal(0)+2/sqrt(20);
if klasse=2 then threesim[i,j]=normal(0)-2/sqrt(20);
end;
if klasse=2 then klasse=0;
threesim[i,21]=klasse;
end;

create fehler.threele from threesim
 [colname= { v1 v2 v3 v4 v5 v6 v7 v8 v9 v10 v11 v12
     v13 v14 v15 v16 v17 v18 v19 v20 klasse }] ;
append from threesim;
quit;
```

A.2 Programmbeschreibung von LDA, LR und CART

Die folgenden Programme wurden zur Durchführung der Klassifizierungsanalysen im Beispiel *Ringnorm* benutzt. Dabei sind die LDA und LR mit Hilfe von SAS, und CART ist mit dem entsprechenden Programmpaket von SYSTAT durchgeführt worden.

```
(* lineare Disriminanzanalyse *)
proc discrim data=exp1.ringlern testdata=exp1.ringtest;
class klasse;
var v1--v20;
run;


(* logistische Regression *)
data exp1.ringges;
set exp1.ringlern exp1.ringtest;
run;

proc logistic data=exp1.ringges;
model klasse1=v1--v20 / ctable ;   /* Durchfuehrung der logistischen
```

```
output out=exp1.ringges p=p1;     /* Regression
run;

data exp1.ringges;                /* Zuweisung der Klassen
set exp1.ringges;
if p1>0.5 then k1=0;
 else k1=1;
run;

proc freq;
tables test*k1*klasse;            /* Ermittlung des Teststichprobenfehlers
run;


(* CART *)
output ringlern
use 'c:\systados\exp1\ringlern.sys'   /* Erstellen eines
category klasse = 2                   /* Entscheidungsbaums
tree ringlern tables /script          /* mit Hilfe von
error cv=10                           /* Cross - Validation,
boptions serule=1                     /* der 1-Standardfehler-Regel,
method gini                           /* Gini - Index
priors equal                          /* und gleichen a priori - Wkten.
model klasse
build

tree ringlern
use ringtest                          /* Klassifizierung der
loptions prediction=yes               /* Teststichprobe
output 'c:\systados\exp1\output
  \ringtest.out'
case
```

A.3 Ziehung der Stichproben bei schrittweiser Variablenauswahl

Mit Hilfe des nachfolgenden Programms wird zunächst die Lernstichprobe erzeugt, die zum Aufbau des Klassifikationsmodells mit schrittweiser Variablenauswahl dienen soll (*Twonorm* in leicht abgeänderter Form.). Anschließend werden die Variablen v1-v12 ersetzt.

```
(* Erzeugen der Stichproben *)
proc iml;
anzahl=300;
ringsim=j(anzahl,21);
do i=1 to anzahl;

if uniform(0)<1/2  then
klasse=0;
else klasse=1;

do j=1 to 20;
ringsim[i,j]=normal(0)+2*(1/2 - klasse)*1/sqrt(20);
end;
ringsim[i,21]=klasse;
end;

create exp3.twolern from ringsim
  [colname= { v1 v2 v3 v4 v5 v6 v7 v8 v9 v10 v11
      v12 v13 v14 v15 v16 v17 v18 v19 v20 klasse }] ;
append from ringsim;
quit;

(* Aenderung der Variablen v1-v12 *)
data exp3.twolern;
set exp3.twolern;
v1=ranuni(0);
v2=ranexp(0);
v3=normal(0);
v4=rannor(0);
v5=rangam(0,2);
v6=ranexp(0);
v7=rancau(0);
v8=normal(0);
v9=rangam(0,1);
v10=rangam(0,2);
v11=ranuni(0);
v12=ranexp(0);
run;
```

A.4 Programmbeschreibung zur Bestimmung von Bias und Varianz

Das Programm, welches hier zunächst für das *Ringnorm*-Beispiel dokumentiert ist, bestimmt die Bayes-Klasse, teilt die Elemente in die in Kapitel 6.3.3 erläuterten Gruppen U und B ein und vergleicht schließlich innerhalb der Menge B die Klassenvorhersage der Einzelregel mit der wahren Klassenzugehörigkeit des Elements. Auf der Menge U kann man analog verfahren; deshalb wurde auf diese Programmbeschreibung verzichtet.

Für *Threenorm* ergibt sich die gleiche Vorgehensweise bei der Bestimmung von Bias und Varianz. Hier soll deshalb lediglich das Programm zur Bestimmung der Bayes-Klasse aufgeführt werden.

Ringnorm

```
(* 1. Teil: Bestimmung der Bayes-Klasse *)
proc iml;
use bayes.ringtest;
read all into ringsim;
close bayes.ringtest;

bayesric=0;
bayesfal=0;

anzahl=1800;                              /* Mit Hilfe der
do i=1 to anzahl;                         /* a posteriori - Wkten.
summe=0;                                  /* kann die Bayes - Klasse
do j=1 to 20;                             /* fuer alle Elemente der
summe=summe+0.5*(ringsim[i,j]-1/sqrt(20))**2   /* Stichprobe bestimmt
      -0.125*(ringsim[i,j])**2;          /* werden.
end;
if summe>20*log(2) then
ringsim[i,124]=1;
else ringsim[i,124]=0;
end;
create bayes.ringtes2 from ringsim
  [colname= { v1 v2 v3 v4 v5 v6 v7 v8 v9 v10 v11 v12
v13 v14 v15 v16 v17 v18 v19 v20 klasse
```

```
k1 k2 k3 k4 k5 k6 k7 k8 k9 k10 k11 k12 k13 k14 k15
k16 k17 k18 k19 k20 k21 k22 k23 k24 k25
k26 k27 k28 k29 k30 k31 k32 k33 k34 k35 k36 k37
k38 k39 k40 k41 k42 k43 k44 k45 k46 k47
k48 k49 k50 k51 k52 k53 k54 k55 k56 k57
k58 k59 k60 k61 k62 k63 k64 k65 k66 k67 k68 k69 k70
k71 k72 k73 k74 k75 k76 k77 k78 k79 k80
k81 k82 k83 k84 k85 k86 k87 k88 k89 k90 k91 k92
k93 k94 k95 k96 k97 k98 k99 k100 k101 ergeb bayeskla}] ;
append from ringsim;
quit;


(* 2.Teil: Aufteilung in die Mengen U und B *)
data bayes.runbias;        /* Wenn die Bayes-Klasse (bayeskla) der
set bayes.ringtes2;        /* aggregierten Klasse (ergeb) entspricht,
if ergeb=bayeskla;         /* dann wird das Element in U (runbias)
run;                       /* eingeordnet.

data bayes.rbias;          /* Sonst wird es der Menge B (rbias)
set bayes.ringtes2;        /* zugeordnet.
if ergeb ne bayeskla;
run;




(* 3.Teil: Feststellen der Anzahl der in U und B fehlklassifizierten
   Elemente *)
proc freq data=bayes.runbias;
tables klasse*bayeskla;
run;

proc freq data=bayes.rbias;
tables klasse*bayeskla;
run;

(* 4.Teil: Vergleich der Einzelregeln mit der wahren Klasse auf
   der Menge B *)
proc iml;
use bayes.rbias;
read all into ringsim;
close bayes.rbias;
```

```
bayesric=0;
bayesfal=0;

anzahl=594;                          /* Es wird fuer die 594 Elemente,
do i=1 to anzahl;                    /* die im 2. Teil der Menge B
do j=22 to 122;                      /* zugeordnet wurden, festgestellt,
if ringsim[i,j]=ringsim[i,21]        /* ob die vorhergesagte Klasse der
then bayesric=bayesric+1;            /* Einzelregel mit der wahren
else bayesfal=bayesfal+1;            /* Klassenzugehoerigkeit
end;                                 /* uebereinstimmt.
end;
gesamt=anzahl*101;

print bayesric bayesfal gesamt;
quit;
```

Threenorm

```
(* 1.Teil: Bestimmung der Bayes-Klasse *)
proc iml;
use bayes.threetes;
read all into threesim;
close bayes.threetes;

bayesric=0;
bayesfal=0;
anzahl=1800;
do i=1 to anzahl;
summe1=0;
summe2=0;
summe3=0;

do j=1 to 20;
summe1=summe1-0.5*(threesim[i,j]-2/sqrt(20))**2;
summe2=summe2-0.5*(threesim[i,j]+2/sqrt(20))**2;
summe3=summe3-0.5*(threesim[i,j]-(-1)**(j+1)*2/sqrt(20))**2;
end;
summe=log((exp(summe1)+exp(summe2))/exp(summe3));
if summe>-log(1/2) then
threesim[i,124]=0;
else threesim[i,124]=1;
end;
```

A.5 Programmbeschreibung zur Durchführung von Bagging und Arcing

Im nachfolgenden Programm wird zuerst eine Bootstrap-Stichprobe, bei der die Elemente mit gleichen Wahrscheinlichkeiten in die Stichprobe gelangen, gezogen. Anschließend wird die schrittweise logistische Regression durchgeführt und festgestellt, welche Elemente fehlklassifiziert worden sind. Diesen wird im 4. Schritt eine höhere Wahrscheinlichkeit in die Auswahl zu gelangen zugewiesen, und die Ziehung wird vorgenommen. Danach beginnt man wieder im 2. Schritt. Somit beschreibt das Programm das Vorgehen bei Arc-fs. Für die Durchführung von Bagging wiederholt man immer den 1. und 2. Schritt, bis die vorgegebene Anzahl an Modellen aufgebaut ist.

```
(* 1. Teil: Erzeugen einer Bootstrap - Stichprobe vom Umfang 200
      mit gleichen Auswahlwahrscheinlichkeiten *)
data arc.ios;
set arc.ios;

spalte1=1/200;
spalte2=0;
spalte3=0;
run;

data arc.iostest;
set arc.ios;
if ausge=0;
run;

data arc.ioslern;
set arc.ios;
if ausge=1;
run;

proc iml;
use arc.ioslern;
read all into ioslern ;
anzahl=200;
iosarc=j(anzahl,1);

ioslern[1,41]=0;
ioslern[1,42]=ioslern[1,40];
```

```
do i=2 to anzahl;
ioslern[i,41]=ioslern[i-1,40]+ioslern[i-1,41];
ioslern[i,42]=ioslern[i,40]+ioslern[i-1,42];
end;
print ioslern;
do i=1 to anzahl;
zufall=ranuni(0);
do j=1 to anzahl;
if (zufall<ioslern[j,42]) &( zufall>ioslern[j,41]) then iosarc[i,1]=j;
end;
end;
print iosarc;
create arc.iosarc from iosarc;
append from iosarc;
close arc.iosarc;

iostemp=j(200,42);
do i=1 to 200;
do j=1 to 42;
iostemp[i,j]=ioslern[iosarc[i,1],j];
end;
end;

print iostemp;
create arc.ioslern1 from iostemp
 [colname= {v1 v2 v3 v4 v5 v6 v7 v8 v9 v10 v11 v12
v13 v14 v15 v16 v17 v18 v19 v20 v21 v22 v23
v24 v25 v26 v27 v28 v29 v30 v31 v32 v33 v34
klasse ausge klasse1 _level_ falsch
spalte1 spalte2 spalte3}] ;
append from iostemp;
quit;

(* 2. Teil: Durchfuehrung der logistischen Regression *)
data arc.iosneule;
set arc.iosneule;
klasse1=.;
run;
data arc.iosbeid1;
set arc.ioslern1 arc.iosneute arc.iosneule;
run;

proc logistic data=arc.iosbeid1;
```

```
model klasse1=v2--v34 /selection=s ctable ;
output out=arc.iosbeid1 p=pred1;
run;

data arc.iosbeid1;
set arc.iosbeid1;
if pred1>0.5 then klaspre1=0;
 else klaspre1=1;
run;

proc freq;
tables ausge*klaspre1*klasse;
run;

data arc.iosneule;
set arc.iosbeid1;
if klasse1=. & ausge=1;
run;

(* 3.Teil: Bestimmung der fehlklassifizierten Elemente *)
data arc.iosneule;
set arc.iosneule;
klasse1=klasse;
if klaspre1=klasse then falsch=0;
else falsch=1;
run;

proc freq;
tables klaspre1*klasse;
run;

data arc.iosneute;
set arc.iosbeid1;
if ausge=0;
run;

(* 4. Teil: Festlegung der Wahrscheinlichkeiten der Elemente
    fuer die naechste Stichprobenziehung und
    Durchfuehrung der Ziehung *)
proc iml;
use arc.ioslern;

read all into ioslern; ;
```

```
close arc.ioslern;
anzahl=242;
iosarc=j(anzahl,1);

epsilon=0;
do i=1 to anzahl;
if ioslern[i,39]=1 then epsilon=epsilon+ioslern[i,40];
end;
beta=(1-epsilon)/epsilon;
summe=0;
do i=1 to anzahl;
if ioslern[i,39]=1 then summe=summe+beta*ioslern[i,40];
else summe=summe+ioslern[i,40];
end;
do i=1 to anzahl;
if ioslern[i,39]=1 then ioslern[i,40]=beta*ioslern[i,40]/summe;
else ioslern[i,40]=ioslern[i,40]/summe;
end;
print epsilon beta summe;

ioslern[1,41]=0;
ioslern[1,42]=ioslern[1,40];
do i=2 to anzahl;
ioslern[i,41]=ioslern[i-1,40]+ioslern[i-1,41];
ioslern[i,42]=ioslern[i,40]+ioslern[i-1,42];
end;
*print ioslern;
do i=1 to anzahl;
zufall=ranuni(0);
do j=1 to anzahl;
if (zufall<ioslern[j,42]) &( zufall>ioslern[j,41]) then iosarc[i,1]=j;
end;
end;
*print iosarc;
create arc.iosarc from iosarc;
append from iosarc;
close arc.iosarc;

iostemp=j(242,44);
do i=1 to 242;
do j=1 to 44;
iostemp[i,j]=ioslern[iosarc[i,1],j];
end;
```

```
end;

*print iostemp;
create arc.ioslern1 from iostemp
 [colname= { v1 v2 v3 v4 v5 v6 v7 v8 v9
v10 v11 v12 v13 v14 v15 v16v17 v18 v19 v20
v21 v22 v23 v24 v25 v26 v27 v28 v29 v30 v31
v32 v33 v34 klasse ausge klasse1
 _level_  falsch spalte1 spalte2 spalte3 pred1 klaspre1}] ;
append from iostemp;

create arc.ioslern from ioslern
 [colname= { v1 v2 v3 v4 v5 v6 v7 v8 v9
v10 v11 v12 v13 v14 v15 v16v17 v18 v19 v20
v21 v22 v23 v24 v25 v26 v27 v28 v29 v30 v31
v32 v33 v34 klasse ausge klasse1
 _level_  falsch spalte1 spalte2 spalte3 pred1 klaspre1}] ;
append from ioslern;
quit;
```

Anhang B

Entscheidungsbäume für
Ringnorm

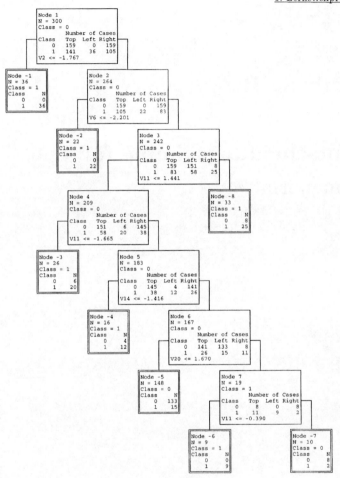

2. Lernstichprobe

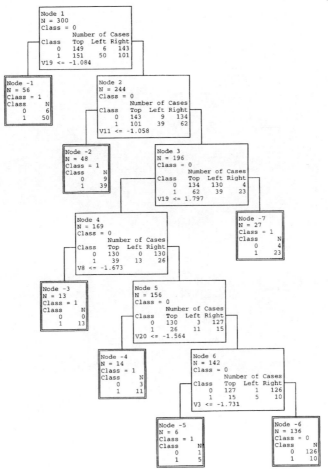

3. Lernstichprobe

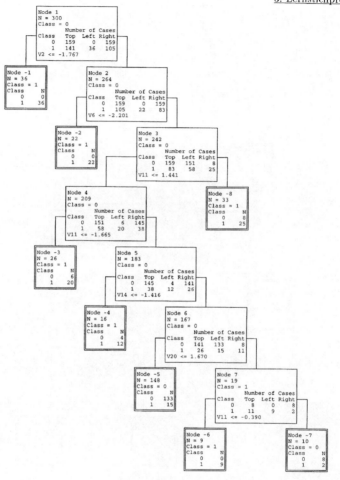

4. Lernstichprobe

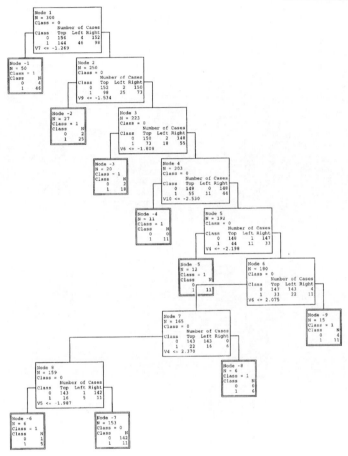

5. Lernstichprobe

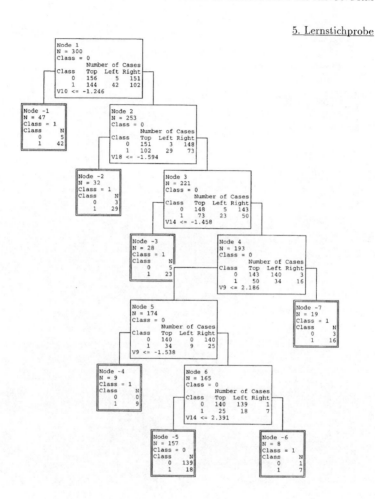

6. Lernstichprobe

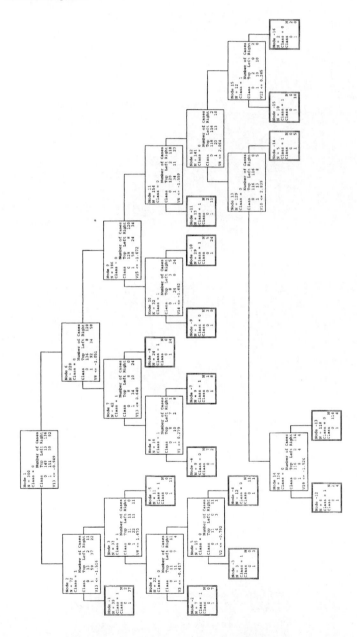

7. Lernstichprobe

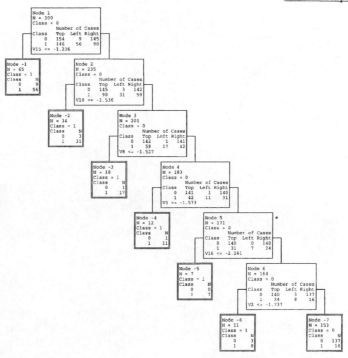

8. Lernstichprobe

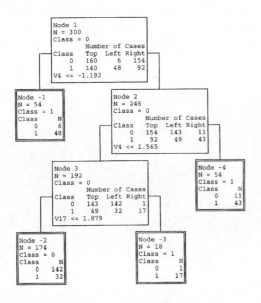

9. Lernstichprobe

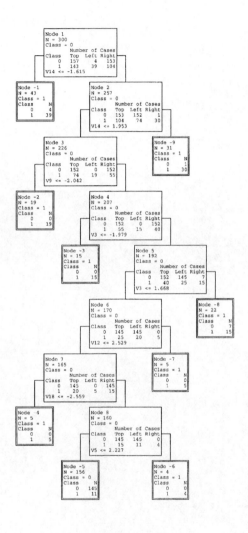

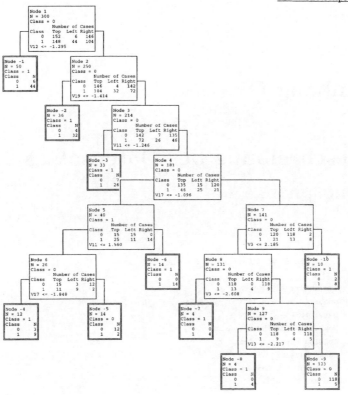

Anhang C

Beschreibung des Datensatzes
Ionosphere

1. Title: Johns Hopkins University Ionosphere database

2. Source Information:
   -- Donor: Vince Sigillito (vgs@aplcen.apl.jhu.edu)
   -- Date: 1989
   -- Source: Space Physics Group
      Applied Physics Laboratory
      Johns Hopkins University
      Johns Hopkins Road
      Laurel, MD 20723

3. Past Usage:
   -- Sigillito, V. G., Wing, S. P., Hutton, L. V., \& Baker, K. B. (1989).
      Classification of radar returns from the ionosphere using neural
      networks. Johns Hopkins APL Technical Digest, 10, 262-266.

   They investigated using backprop and the perceptron training algorithm
   on this database. Using the first 200 instances for training, which
   were carefully split almost 50% positive and 50% negative, they found
   that a "linear" perceptron attained 90.7%, a "non-linear" perceptron
   attained 92%, and backprop an average of over 96% accuracy on the
   remaining 150 test instances, consisting of 123 "good" and only 24 "bad"
   instances. (There was a counting error or some mistake somewhere; there

are a total of 351 rather than 350 instances in this domain.) Accuracy
on "good" instances was much higher than for "bad" instances. Backprop
was tested with several different numbers of hidden units (in [0,15])
and incremental results were also reported (corresponding to how well
the different variants of backprop did after a periodic number of
epochs).

David Aha (aha@ics.uci.edu) briefly investigated this database.
He found that nearest neighbor attains an accuracy of 92.1%, that
Ross Quinlan's C4 algorithm attains 94.0% (no windowing), and that
IB3 (Aha \& Kibler, IJCAI-1989) attained 96.7% (parameter settings:
70% and 80% for acceptance and dropping respectively).

4. Relevant Information:
   This radar data was collected by a system in Goose Bay, Labrador. This
   system consists of a phased array of 16 high-frequency antennas with a
   total transmitted power on the order of 6.4 kilowatts. See the paper
   for more details. The targets were free electrons in the ionosphere.
   "Good" radar returns are those showing evidence of some type of structure
   in the ionosphere. "Bad" returns are those that do not; their signals pass
   through the ionosphere.

   Received signals were processed using an autocorrelation function whose
   arguments are the time of a pulse and the pulse number. There were 17
   pulse numbers for the Goose Bay system. Instances in this databse are
   described by 2 attributes per pulse number, corresponding to the complex
   values returned by the function resulting from the complex electromagnetic
   signal.

5. Number of Instances: 351

6. Number of Attributes: 34 plus the class attribute
   -- All 34 predictor attributes are continuous

7. Attribute Information:
   -- All 34 are continuous, as described above
   -- The 35th attribute is either "good" or "bad" according to the definition
      summarized above. This is a binary classification task.

8. Missing Values: None

Anhang D

Simulationen: Arcing und Bagging

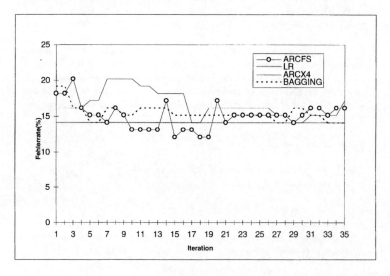

Abbildung D.1: *Simulation 1*

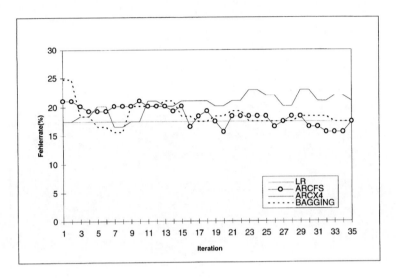

Abbildung D.2: *Simulation 2*

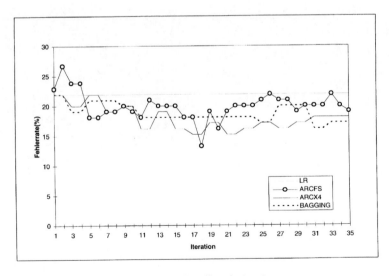

Abbildung D.3: *Simulation 3*

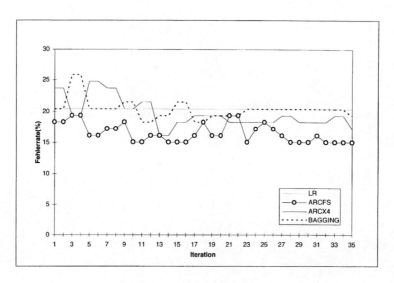

Abbildung D.4: *Simulation 5*

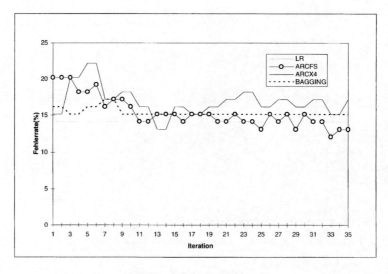

Abbildung D.5: *Simulation 6*

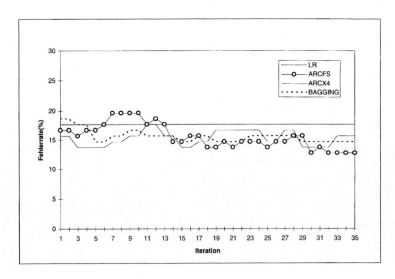

Abbildung D.6: *Simulation 8*

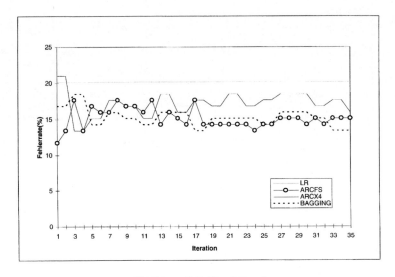

Abbildung D.7: *Simulation 9*

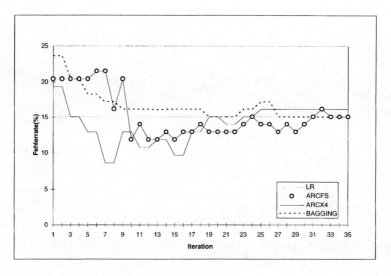

Abbildung D.8: *Simulation 10*

Anhang E

Beweise

1. *Die Varianz von C_A ist null.*

<u>Beweis:</u>

$$
\begin{aligned}
Var(C_A) &= P_{\mathbf{X},Y}(C^*(\mathbf{X}) = Y, \mathbf{X} \in U) - E_{\mathcal{L}}P_{\mathbf{X},Y}(C_A(\mathbf{X})) = Y, \mathbf{X} \in U) \\
&= P_{\mathbf{X},Y}(C^*(\mathbf{X}) = Y, \mathbf{X} \in U) - P_{\mathbf{X},Y}(C^*(\mathbf{X}) = Y, \mathbf{X} \in U) = 0,
\end{aligned}
$$

da auf U $C_A = C^*$ gilt.

2. *Bias und Varianz sind nicht negativ.*

<u>Beweis:</u>

$Var(C)$ läßt sich schreiben als

$$
Var(C) = \int_{\mathbf{X} \in U}[\max_j P(j|\mathbf{x}) - \sum_j Q(j|\mathbf{x})P(j|\mathbf{x})]P(d\mathbf{x}).
$$

Da $\sum_j Q(j|\mathbf{x})P(j|\mathbf{x}) \leq \max_j P(j|\mathbf{x})$ für alle $\mathbf{x}$ ist $Var(C) \geq 0$. Für $Bias(C)$ gilt die analoge Schlußweise auf der Menge B.

3. *Bias und Varianz der Bayes-Regel sind null.*

<u>Beweis:</u>

$$Bias(C^*) \quad = \quad P_{\mathbf{X},Y}(C^*(\mathbf{X}) = Y, \mathbf{X} \in B) - E_{\mathcal{L}} P_{\mathbf{X},Y}(C^*(\mathbf{X}) = Y, \mathbf{X} \in B)$$
$$= \quad 0$$

$Var(C^*) = 0$ folgt aus 1.

Anhang F

Tabellen zu Kapitel 7

F.1 Kodierung der nominalskalierten Variablen

Familienstand	Ausprägung				
1	ledig	1	0	0	0
2	verheiratet	0	1	0	0
3	geschieden	0	0	1	0
4	anderer	0	0	0	0

Geschlecht	Ausprägung			
0	weiblich	1	0	0
1	männlich	0	1	0
2	keine Information	0	0	0

Beruf	Ausprägung									
1	Angestellter	1	0	0	0	0	0	0	0	0
2	Beamter	0	1	0	0	0	0	0	0	0
3	Arbeiter	0	0	1	0	0	0	0	0	0
4	Rentner	0	0	0	1	0	0	0	0	0
5	Hausfrau	0	0	0	0	1	0	0	0	0
6	sonstige Private	0	0	0	0	0	1	0	0	0
7	Soldat	0	0	0	0	0	0	1	0	0
8	Student/Azubi	0	0	0	0	0	0	0	1	0
9	andere	0	0	0	0	0	0	0	0	0

Qualifikation	Ausprägung									
0	unbekannt	1	0	0	0	0	0	0	0	0
1	ungelernt	0	1	0	0	0	0	0	0	0
2	angelernt	0	0	1	0	0	0	0	0	0
3	gelernt	0	0	0	1	0	0	0	0	0
4	besondere Ausbildung	0	0	0	0	1	0	0	0	0
5	Leitender Angest./Berufssoldat	0	0	0	0	0	1	0	0	0
6	Zeitsoldat (Z2/Z4)	0	0	0	0	0	0	0	0	0
7	Zeitsoldat (Z6/Z8/Z15)	0	0	0	0	0	0	0	1	0
8	Zeitsoldat (Z10/Z12)	0	0	0	0	0	0	0	0	1

Branche	Ausprägung										
0	Landwirtschaft	1	0	0	0	0	0	0	0	0	0
1	Energieversorgung	0	1	0	0	0	0	0	0	0	0
2	Produzierendes Gewerbe	0	0	1	0	0	0	0	0	0	0
3	Hoch- und Tiefbau	0	0	0	1	0	0	0	0	0	0
4	Handel, Vertrieb	0	0	0	0	1	0	0	0	0	0
5	Verkehrs- und Nachrichtengewerbe	0	0	0	0	0	1	0	0	0	0
6	Kreditgewerbe	0	0	0	0	0	0	1	0	0	0
7	Dienstleistungsgewerbe	0	0	0	0	0	0	0	1	0	0
8	Kirche, Politik, Sport	0	0	0	0	0	0	0	0	0	0
9	Öffentliche Haushalte	0	0	0	0	0	0	0	0	0	1

Niederlassung	Ausprägung								
1	NL1	1	0	0	0	0	0	0	0
2	NL2	0	1	0	0	0	0	0	0
3	NL3	0	0	1	0	0	0	0	0
4	NL4	0	0	0	1	0	0	0	0
5	NL5	0	0	0	0	0	0	0	0
6	NL6	0	0	0	0	0	1	0	0
7	NL7	0	0	0	0	0	0	1	0
8	NL8	0	0	0	0	0	0	0	1

Region	Ausprägung									
1	Region1	1	0	0	0	0	0	0	0	0
2	Region2	0	1	0	0	0	0	0	0	0
3	Region3	0	0	1	0	0	0	0	0	0
4	Region4	0	0	0	1	0	0	0	0	0
5	Region5	0	0	0	0	1	0	0	0	0
6	Region6	0	0	0	0	0	1	0	0	0
7	Region7	0	0	0	0	0	0	1	0	0
8	Region8	0	0	0	0	0	0	0	1	0
9	Region9	0	0	0	0	0	0	0	0	0

F.2   Univariate Analyse aller Variablen

I. Teil

Variable	Mittelwert/ Median	Varianz	Anzahl ungleich 0	Min	Max	75%	25%
						Quantil	
Miete Kreditn1	361,9/280	60973,71	2675	0	3250	450	250
Miete Kreditn2	7,53/0	2868,68	73	0	900	0	0
Belastung Kredn1	33,31/0	34332,98	155	0	3150	0	0
Belastung Kredn2	0,51/0	214,48	4	0	600	0	0
Aufw.PKW Kredn1	349,96/350	3126,77	2801	0	1350	350	350
Aufw. PKW Kredn2	6,48/0	2254,69	52	0	400	0	0
Nettoeink.Kredn1	2055,94/1950	730523,6	2830	300	10600	2400	1500
Nettoeink.Kredn2	695,11/637,5	584210,5	1597	0	10000	1200	0
Verfüg.Einkommen	893,93/710	595647	2830	2	9123	1187	383
Laufzeit	43,66/47	369,59	2830	7	73	60	24
Rate	359,73/331,28	26137,06	2830	37	2489	423	259
Nettokredit	11758,18/10900	40676232	2830	600	60000	15000	6950
Kreditrahmen	15716,67/14027	90833783	2830	672	83400	21068	8239
Alter	33,4/31,09	108,34	2830	18,03	70,09	39,56	25,09
Wohnortwechsel	0,29/0	0,22	801	0	3	1	0
Haushaltsgröße	2,5/2	1,88	2830	1	20	3	1
Beschäf.dauer	70,01/28	8094,72	2775	0	504	103	8
Vorkredite	0,01/0	0,01	24	0	2	0	0
Schufa,erledigt	0,30/0	0,93	394	0	11	0	0
Schufa,laufend	0,29/0	0,37	648	0	4	0	0
Einkommen/Person	1401,4/1200	563396,8	2830	107,5	6780	1900	818,33
Ausgaben	759,69/700	85728,61	2830	105	3950	860	600
Ausgaben/Person	405,99/303,33	64142,06	2830	26,25	2060	600	200
Nation	0,04/0	0,04	125	0	1	0	0
Arbeitg.wechsel	0,51/0	0,29	1387	0	3	1	0

II. Teil

Variable	Mittelwert/ Median	Varianz	Anzahl ungleich 0	Min	Max	75% Quantil	25% Quantil
Verheiratet	0,55/1	0,25	1549	0	1	1	0
Geschieden	0,07/0	0,07	202	0	1	0	0
Ledig	0,36/0	0,23	1031	0	1	1	0
Branche:Landwirtschaft	0,04/0	0,04	116	0	1	0	0
Branche:Energie	0,04/0	0,04	110	0	1	0	0
Branche:Prod.Gewerbe	0,29/0	0,2	810	0	1	1	0
Branche:Hoch-Tiefbau	0,16/0	0,13	439	0	1	0	0
Branche:Handel,Vertrieb	0,08/0	0,07	222	0	1	0	0
Branche:Verkehr,Nachri.	0,08/0	0,07	223	0	1	0	0
Branche:Kreditgewerbe	0,01/0	0,01	36	0	1	0	0
Branche:Dienstleistungen	0,17/0	0,14	494	0	1	0	0
Branche:Öffentl.Haushal.	0,13/0	0,11	363	0	1	0	0
Beruf:Angestellter	0,32/0	0,22	898	0	1	1	0
Beruf:Beamter	0,01/0	0,01	39	0	1	0	0
Beruf:Arbeiter	0,62/1	0,24	1755	0	1	1	0
Beruf:Rentner	0,02/0	0,02	64	0	1	0	0
Beruf:Hausfrau	0,00/0	0,00	3	0	1	0	0
Beruf:sonst.Private	0,01/0	0,01	17	0	1	0	0
Beruf:Soldat	0,02/0	0,02	47	0	1	0	0
Beruf:Student/Azubi	0,00/0	0,00	6	0	1	0	0
Quali:unbekannt	0,18/0	0,14	496	0	1	0	0
Quali:ungelernt	0,02/0	0,02	57	0	1	0	0
Quali:angelernt	0,13/0	0,11	375	0	1	0	0
Quali:gelernt	0,62/1	0,24	1748	0	1	1	0
Quali:beson.Ausbildung	0,04/0	0,04	104	0	1	0	0
Quali:Leit.Angest.	0,01/0	0,01	22	0	1	0	0
Quali:Zeitsold.(Z6/8/15)	0,01/0	0,01	18	0	1	0	0
Quali:Zeitsold.(Z10/12)	0,00/0	0,00	7	0	1	0	0

Variable	Mittelwert/ Median	Varianz	Anzahl ungleich 0	Min	Max	75% Quantil	25%
Region1	0,26/0	0,19	724	0	1	1	0
Region2	0,15/0	0,13	427	0	1	0	0
Region3	0,13/0	0,11	369	0	1	0	0
Region4	0,12/0	0,1	334	0	1	0	0
Region5	0,02/0	0,02	60	0	1	0	0
Region6	0,15/0	0,13	426	0	1	0	0
Region7	0,12/0	0,1	326	0	1	0	0
Region8	0,04/0	0,04	104	0	1	0	0
Niederlassung1	0,31/0	0,22	890	0	1	1	0
Niederlassung2	0,13/0	0,11	366	0	1	0	0
Niederlassung3	0,16/0	0,14	464	0	1	0	0
Niederlassung4	0,12/0	0,11	345	0	1	0	0
Niederlassung6	0,25/0	0,19	701	0	1	0	0
Niederlassung7	0,02/0	0,02	59	0	1	0	0
Niederlassung8	0,00/0	0,00	5	0	1	0	0
Mann	0,88/1	0,1	2499	0	1	1	1
Frau	0,01/0	0,01	38	0	1	0	0
Boni	0,34/0	0,23	968	0	1	1	0

F.3 CART: Wichtigkeit der Variablen

Variable	Wichtigkeit
Laufzeit	100,00%
Kreditrahmen	43,00%
Nettokredit	36,60%
Verheiratet	34,38%
Alter	33,06%
Beschäf.dauer	31,08%
Ledig	17,54%
Rate	6,35%
Niederlassung6	5,60%
Niederlassung7	5,26%
Geschieden	5,18%
Nation	3,79%
Haushaltsgröße	3,71%
Nettoeink.Kredn1	3,71%
Ausgaben/Person	3,27%
Nettoeink.Kredn2	3,22%
Einkommen/Person	2,44%
Region8	1,45%
Beamter	1,45%
Region6	1,08%
Ausgaben	0,98%
Verfügb. Eink.	0,84%
Rentner	0,78%
PKW des Kredn2	0,48%
Miete Kredn1	0,48%
Miete Kredn2	0,47%
Belastung Kredn1	0,42%

Abkürzungsverzeichnis der Zeitschriften

Ann. Eugen.	*Annals of Eugenics*
Ann. Math. Statist.	*Annals of Mathematical Statistics*
Ann. Statist.	*Annals of Statistics*
Appl. Statist.	*Applied Statistics*
Austral. J. Statist.	*Australian Journal of Statistics*
Bell Syst. Tech. J.	*Bell System Technical Journal*
Biom. J.	*Biometrical Journal*
Comm. in Statist.	*Communications in Statistics*
Comm. in Statist.-Theory Meth.	*Communications in Statistics-Theory and Methods*
Comput. Math. Applic.	*Computers and Mathematics with Applications*
IEEE Trans. Comput.	*IEEE (Institution of Electrical and Electronics Engineers) Transactions on Computers*
IEEE Trans. Inform. Theory	*IEEE Transactions on Information Theory*
Int. J. Man-Machine Studies	*International Journal of Man-Machine Studies*
J. Amer. Statist. Assoc.	*Journal of the American Statistical Association*
J. Bank. and Fin.	*Journal of Banking and Finance*
J. Commer. Bank Lend.	*Journal of Commercial Bank Lending*
J. Fin.	*Journal of Finance*
J. Fin. and Quant. Anal.	*Journal of Financial and Quantitative Analysis*
J. Market. Res.	*Journal of Marketing Research*
J. R. Statist. Soc.	*Journal of the Royal Statistical Society*
Mgmt. Fin.	*Management Finance*
Mgmt. Sci.	*Management Science*

Literaturverzeichnis

[1] Albert, A., Anderson, J.A. [1984]. On the existence of maximum likelihood estimates in logistic regression models. *Biometrika* **71**, S.1-10.

[2] Albert, A., Lesaffre, E. [1986]. Multiple group logistic discrimination. *Comput. Math. Applic.* **12A**, S.209-224.

[3] Altman, E.I. [1980]. Commercial Bank Lending: Process, Credit Scoring and Costs of Errors in Lending. *J. Fin. and Quant. Anal.* **15**, S.813-832.

[4] Altman, E.I. [1993]. Corporate Financial Distress and Bankruptcy. Second Edition. Wiley, New York.

[5] Altman, E.I., Avery, R.B., Eisenbeis, R.A., Sinkey, J.F. [1981]. Application of Classification Techniques in Business, Banking and Finance. JAI-Press, Grennwich, Connecticut.

[6] Altman, E.I., Eisenbeis, R.A. [1978]. Financial Applications of Discriminant Analysis: A Clarification. *J. Fin. and Quant. Anal.* **13**, S.185-195.

[7] Anderson, J.A. [1982]. Logistic discrimination. In: Handbook of Statistics (Vol.2), P.R. Krishnaiah, L. Kanal (Eds.). North-Holland, Amsterdam, S.169-191.

[8] Anderson, T.W. [1984]. An Introduction to Multivariate Statistical Analysis. Second Edition. Wiley, New York.

[9] Avery, R.B. [1977]. Credit Scoring Models with Discriminant Analysis and Truncated Samples. Unpublished Paper.

[10] Backhaus, K., Erichson, B., Plinke, W., Weiber, R. [1990]. Multivariate Analysemethoden. 6. Aufl., Springer, Berlin.

[11] Bierman, H.Jr., Hausman, W.H. [1970]. The Credit Granting Decision. *Mgmt. Sci.* **16**, S.519-532.

[12] Bönkhoff, F.J. [1983]. Die Kreditwürdigkeit, zugleich ein Beitrag zur Prüfung von Plänen und Prognosen. IDW-Verlag, Düsseldorf.

[13] Boyle, M., Crook, J.N., Hamilton, R. Thomas, L.C. [1992]. Methods for credit scoring applied to slow payers. In: Credit scoring and credit control, L.C. Thomas, J.N. Crook, D.B. Edelman (Hrsg.). Clarendon Press, Oxford, S.75-90.

[14] Bräutigam, J., Küllmer, H. [1972]. Die Anwendung statistischer Verfahren zur Objektivierung der Kreditwürdigkeitsprüfung. *Betriebswirtschaftl. Blätter*, **21**, S.6-10.

[15] Breiman, L. [1994]. Heuristics of Instability and Stabilization in Model Selection. *Technical Report* No.416, Statistics Department University of California, Berkeley.

[16] Breiman, L. [1996a]. Bagging Predictors. *Machine Learning* **26**, No.2, S.123-140.

[17] Breiman, L. [1996b]. Bias, Variance, and Arcing Classifiers. *Technical Report* No.460, Statistics Department, University of California, Berkeley. Eingereicht zur Veröffentlichung in *Ann. Statist.*.

[18] Breiman, L., Friedman, J.H. [1988]. Contribution to the discussion of paper by W.-Y. Loh and N. Vanichsetakul. *J. Amer. Statist. Assoc.* **83**, S.725-727.

[19] Breiman, L., Friedman, J.H., Olshen, R.A., Stone, C.J. [1984]. Classification and Regression Trees. Chapman & Hall, New York.

[20] Copas, J.B. [1983]. Plotting p against x. *Appl. Statist.* **32**, S.25-31.

[21] Costanza, M.C., Afifi, A.A. [1979]. Comparison of stopping rules in forward stepwise discriminant analysis. *J. Amer. Statist. Assoc.* **74**, S.777-785.

[22] Cox, D.R. [1966]. Some procedures associated with the logistic qualitative response curve. In: Research Papers on Statistics. Festschrift for J. Neyman. F.N. David (Ed.). Wiley, New York, S.55-71.

[23] Crawford, S. [1989]. Extensions to the CART Algorithm. *Int. J. Man-Machine Studies* **31**, S.197-217.

[24] Day, J. [1978]. Customized Credit Scoring: The Seattle First System for Bank Card Applicants. *The Credit World* **66**, S.12-14.

[25] Day, N.E., Kerridge, D.F. [1967]. A general maximum likelihood discriminant. *Biometrics* **23**, S.313-324.

[26] Dietterich, T.G., Kong, E.B. [1995]. Error-Correcting Output Coding Corrects Bias and Variance. Proceedings of the 12th International Conference on Machine Learning. Morgan Kaufmann. S.313-321.

[27] Dillon, W.R., Goldstein, M. [1984]. Multivariate analysis – methods and applications. Wiley, New York.

[28] Efron, B. [1979]. Bootstrap methods: another look at the jacknife. *Ann. Statist.* **7**, S.1-26.

[29] Efron, B. [1983]. Estimating the error rate of a prediction rule improvement on cross-validation. *J. Amer. Statist. Assoc* **78**, S.316-331.

[30] Efron, B., Tibshirani, R.J. [1993]. An Introduction to the bootstrap. Chapman & Hall, London.

[31] Eisenbeis, R.A. [1977]. Pittfalls in the Application of Discriminant Analysis in Business, Finance, and Economists. *J. Fin.* **32**, S.875-900.

[32] Eisenbeis, R.A. [1978]. Problems in Applying Discriminant Analysis in Credit Scoring Models. *J. Bank. and Fin.* **2**, S.205-219.

[33] Eisenbeis, R.A., Gilbert, G.G., Avery, R.B. [1973]. Investigating the Relative Importance of Individual Variable Subsets in Discriminant Analysis. *Comm. in Statist.* **2**, S.205-219.

[34] Fahrmeir, L., Hamerle, A. [1984]. Multivariate statistische Verfahren. de Gruyter, Berlin/New York.

[35] Fatti, L.P., Hawkins, D.M., Raath, E.L. [1982]. Discriminant Analysis. In: Topics in Applied Multivariate Analysis, D.M. Hawkins (Ed.). Cambridge University Press, Cambridge, S.1-71.

[36] Feidecker, M. [1992]. Kreditwürdigkeitsprüfung – Entwicklung eines Bonitätsindikators– . IDW-Verlag, Düsseldorf.

[37] Fisher, R.A. [1936]. The use of multiple measurements in taxonomic problems. *Ann. Eugen.* **7**, S.179-188.

[38] Freund, Y., Schapire, R. [1996]. Experiments with a new boosting algorithm. *Technical Report.* Erscheint in: Machine Learning: Proceedings of the 13th International Conference, 1996.

[39] Friedman, J.H. [1977]. A recursive partitioning decision rule for nonparametric classification. *IEEE Trans. Comput.* **C-26**, S.404-408.

[40] Frydman, H., Altman, E.I., Kao, D.-L. [1985]. Introducing Recursive Partitioning for Financial Classification: The Case of Financial Distress. *J. Fin.* **40**, S.269-291.

[41] Fukunaga, K., Kessel, D.L. [1971]. Estimation of classification error. *IEEE Trans. Comput.* **C-20**, S.1521-1527.

[42] Galitz, L.C. [1983]. Consumer Credit Analysis. *Mgmt. Fin.* **9**, S.27-33.

[43] Ganeshanandam, S., Krzanowski, W.J. [1989]. On selecting variables and assessing their performance in linear discriminant analysis. *Austral. J. Statist.* **32**, S.443-447.

[44] Gebhardt, G. [1980]. Insolvenzprognosen aus aktienrechtlichen Jahresabschlüssen. Bochumer Beiträge zur Unternehmensführung und Unternehmensforschung, Bd.22. Gabler, Wiesbaden.

[45] Geisser, S. [1975]. The predictive sample reuse method with applications. *J. R. Statist. Soc.* **70**, S.320-328.

[46] Greer, C.C. [1967]. The Optimal Credit Acceptance Policy. *J. Finan. and Quan. Anal.* **2**, S.399-415.

[47] Grill, W., Perczynski, H. [1993]. Wirtschaftlehre des Kreditwesens. 28. Aufl., Gehlen, Bad Homburg.

[48] Habbema, J.D.F., Hermans, J. [1977]. Selection of variables in discriminant analysis by *F*-statistic and error rate. *Technometrics* **19**, S.487-493.

[49] Hand, D.J. [1981]. Discrimination and Classification. Wiley, Chichester.

[50] Hastie, T., Buja, A., Tibshirani, R.[1995]. Penalized discriminant analysis. *Ann. Statist.* **23**, S.73-102.

[51] Hastie, T., Tibshirani, R. [1996]. Discriminant Analysis by Gaussian Mixtures. *J. R. Statist. Soc. B* **58**, S.155-176.

[52] Hastie, T., Tibshirani, R., Buja, A. [1994]. Flexible discriminant analysis by optimal scoring. *J. Amer. Statist. Assoc.* **89**, S.1255-1270.

[53] Häußler, W.M. [1981a]. Methoden der Punktebewertung für Kreditscoringsysteme. *Zeitschrift für Operation Research B*, **25**, S.B79-B94.

[54] Häußler, W.M. [1981b]. Punktebewertungen bei Kreditscoringsystemen: Über Verfahren der Punktebewertung und Diskrimination mit Anwendung auf Kreditscoringsysteme. Fritz Knapp Verlag, Frankfurt am Main.

[55] Hawkins, D.M. [1976]. The subset problem in multivariate analysis of variance. *J. R. Statist. Soc. B* **38**, S.132-139.

[56] Hawkins, D.M. [1981]. A new test for multivariate normality and homoscedasticity. *Technometrics* **23**, S.105-110.

[57] Heno, R. [1983]. Kreditwürdigkeitsprüfung mit Hilfe von Verfahren der Mustererkennung. *Bankwirtschaftliche Forschungen*, Bd. 81, Bern/Stuttgart.

[58] Hettenhouse, G.W., Wentworth, J.R. [1971]. Credit Analysis Model – A new Look for Credit Scoring. *J. Commer. Bank Lend.* **54**, S.26-32.

[59] Higleyman, W.H. [1962]. The design and analysis of pattern recognition experiments. *Bell Syst. Tech. J.* **41**, S.723-744.

[60] Hills, M. [1966]. Allocation rules and their error rates (with discussion). *J. R. Statist. Soc. B* **28**, S.1-31.

[61] Hoffmann, H.J. [1990]. Die Anwendung des CART-Verfahrens zur statistischen Bonitätsanalyse von Konsumentenkrediten. *Zeitschrift f. Betriebswirtschaftslehre* **60**, S.941-962.

[62] Hosmer, D.W., Lemeshow, S. [1980]. Goodness-of-fit tests for the multiple logistic regression model. *Comm. in Statist.-Theory Meth.* **A9**, S.1043-1069.

[63] Hosmer, D.W., Lemeshow, S. [1985]. Goodness-of-fit tests for the logistic regression model for matched case-control studies. *Biom. J.* **27**, S.511-520.

[64] Hosmer, D.W., Lemeshow, S. [1989]. Applied Logistic Regression. Wiley, New York.

[65] Huberty, C.J. [1994]. Applied discriminant analysis. Wiley, New York.

[66] Hüls, D. [1995]. Früherkennung insolvenzgefährdeter Unternehmen. IDW-Verlag. Düsseldorf.

[67] James, M. [1985]. Classification Algorithm. Wiley, New York.

[68] Jobson, J.D. [1992]. Applied Multivariate Data Analysis. Volume II: Categorical and Multivariate Methods. Springer- Verlag, New York.

[69] Joy, O.M., Tollefson, J.O. [1978]. On the Financial Applications of Discriminant Analysis. *J. Finan. and Quant. Anal.* **10**, S.723-739.

[70] Karson, M.J. [1982]. Multivariate statistical methods. Iowa State University Press, Ames/Iowa.

[71] Kay, R., Little, S. [1987]. Transformations of the explanatory variables in the logistic regression model for binary data. *Biometrica* **74**, S.495-501.

[72] Keysberg, G. [1989]. Die Anwendung der Diskriminanzanalyse zur statistischen Kreditwürdigkeitsprüfung im Konsumentenkreditgeschäft. Müller Botermann, Köln.

[73] Klecka, W.R. [1980]. Discriminant Analysis. Sage Publications, Beverley Hills, California.

[74] Kohavi, R., Wolpert, D.H. [1996]. Bias Plus Variance Decomposition for Zero-One Loss Functions. *Technical Report*. Erscheint in: Machine Learning: Proceedings of the 13th International Conference, 1996.

[75] Krause, C. [1993]. Kreditwürdigkeitsprüfung mit Neuronalen Netzen. IDW-Verlag, Düsseldorf.

[76] Kricke, M. [1994]. Skript zur Veranstaltung: Multivariate Verfahren.

[77] Krishnaiah, P.R., Kanal, L. (Eds.) [1982]. Handbook of Statistics (Vol.2). North-Holland, Amsterdam.

[78] Lachenbruch, P.A. [1965]. Estimation of error rates in discriminant analysis. Ph.D. dissertation, University of California at Los Angeles.

[79] Lachenbruch, P.A. [1973]. Some results on the multiple group discriminant problem. In: Discriminant Analysis and Applications, Cacoullos, T. (Ed.). Academic Press, New York.

[80] Lachenbruch, P.A. [1975]. Discriminant Analysis. Hafner Press, New York/London.

[81] Lachenbruch, P.A. [1982]. Discriminant analysis. In: *Encyclopedia of Statistical Sciences* (Vol.2), Kotz, S., Johnson, N.L. (Eds). Wiley, New York, S.389-397.

[82] Lachenbruch, P.A., Mickey, M.R. [1968]. Estimation of error rates in discriminant analysis. *Technometrics* **10**, S.1-11.

[83] Light, R.J., Margolin, B.H. [1971]. The analysis of variance for categorical data. *J. Amer. Statist. Assoc* **66**, S.534-544.

[84] Loh, W.-Y., Vanichsetakul, N. [1988]. Tree-structured classification via generalized discriminant analysis. *J. Amer. Statist. Assoc.* **83**, S.715-725.

[85] Makowski, P. [1985]. Credit Scoring Branches Out. *The Credit World* **75**, S.30-37.

[86] McCullagh, P., Nelder, J.A. [1983]. Generalized Linear Models. Chapman & Hall, London.

[87] McLachlan, G.J. [1976]. A criterion for selecting variables for the linear discriminant analysis. *Biometrics* **32**, S.529-535.

[88] McLachlan, G.J. [1986]. Assessing the performance of an allocation rule. *Comput. Math. Applic.* **12 A**, S. 261-272.

[89] McLachlan, G.J. [1992]. Discriminant analysis and statistical pattern recognition. Wiley, New York.

[90] Morgan, J.N., Messenger, R.C. [1973]. THAID: a sequential search program for the analysis of nominal scale dependent variables. Institute for Social Research, University of Michigan, Ann Arbor.

[91] Morgan, J.N., Sonquist, J.A. [1963]. Problems in the analysis of survey data, and a proposal. *J. Amer. Statist. Assoc.* **58**, S.415-435.

[92] Morrison, D.G. [1969]. On the Interpretation of Discriminant Analysis. *J. Market. Res.* **6**, S.156-163.

[93] Müller-Schwerin, E., Strack, H. [1977]. Mathematisch-Statistische Verfahren zur Formalisierung des Kreditentscheidungsprozesses. *Kredit und Kapital* **10**, S.291-305.

[94] Narain, B. [1992]. Survival Analysis and the Credit Granting Decision. In: Credit scoring and credit control, L.C. Thomas, J.N. Crook, D.B. Edelman (Hrsg.). Clarendon Press, Oxford, S.109-122.

[95] Quinlan, J.R. [1986]. Induction of Decision Trees. *Machine Learning* **1**, S.81-106.

[96] Quinlan, J.R. [1987]. Simplifying Decision Trees. *Int. J. Man-Machine Studies* **27**, S.221-234.

[97] Quinlan, J.R. [1996]. Bagging, Boosting and C4.5. *Technical Report*, University of Sydney, Sydney.

[98] Rao, C.R. [1973]. Lineare statistische Methoden und ihre Anwendungen. Akademie-Verlag, Berlin.

[99] Rosenberg, E., Gleit, A. [1994]. Quantitative Methods in Credit Management: A Survey. *Operation Research*, **42**, S.589-613.

[100] SAS/STAT User's Guide [1988]. Release 6.03. Edition. SAS Institute Inc., Cary, NC.

[101] SAS/STAT User's Guide [1993]. Version 6. Band 2, 4.Aufl., SAS Institute Inc., Cary, NC.

[102] Schaafsma, W. [1982]. Selecting variables in discriminant analysis for improving upon classical procedures. In: Handbook of Statistics (Vol.2), P.R. Krishnaiah, L. Kanal (Eds.). North-Holland, Amsterdam, S.857-881.

[103] Schierenbeck, H. [1994]. Ertragsorientiertes Bankmanagement: Controlling in Kreditinstituten, 4.Aufl., Gabler, Wiesbaden.

[104] Siegel, B., Degener, R. [1989]. Kreditscoring: Risikosteuerung im Mengen-kreditgeschäft. *Zeitschrift für das gesamte Kreditwesen* **42**, S.7-10.

[105] Stablein, D.M., Miller, J.D., Choi, S.C., Becker, D.P. [1980]. Statistical methods for determining prognosis in severe head injury. *Neurosurgery* **6**, S.213-248.

[106] Statistisches Jahrbuch für die Bundesrepublik Deutschland [1996]. Metzler-Poeschel, Stuttgart.

[107] Steinberg, D., Colla, P. [1992]. CART – A SYSTAT Implementation of the Original Program by Leo Breiman, Jerome Friedman, Richard Olshen and Charles Stone. SYSTAT, Evanston.

[108] Stone, M. [1974]. Cross-validatory choice and assessment of statistical predictions. *J. R. Statist. Soc. B* **36**, S.111-147.

[109] Strack, H. [1976]. Beurteilung des Kreditrisikos: Erweiterung der traditionellen Kreditbewertung durch prognoseorientierte Entscheidungshilfen. Schmidt, Berlin.

[110] Tibshirani, R. [1996]. Bias, variance and prediction error for classification rules. *Technical Report*. Department of Preventive Medicine and Biostatistics and Department of Statistics. University of Toronto, Toronto.

[111] Toussaint, G.T. [1974]. Bibliography on estimation of missclassification. *IEEE Trans. Inform. Theory* **IT-20**, S.472-479.

[112] Wächtershäuser, M. [1971]. Kreditrisiko und Kreditentscheidung im Bankbetrieb: Zur Ökonomisierung des Kreditentscheidungsprozesses im Bankbetrieb. Gabler, Wiesbaden.

[113] Wagner, G.M., Reichert, A.K., Cho, C.C. [1983]. Conceptual Issues in Credit Scoring Models. *Credit World* **71**, S.22-28.

[114] Wald, A. [1939]. Contributions to the theory of statistical estimation and testing hypothesis. *Ann. Math. Statist.* **10**, S.299-326.

[115] Wald, A. [1949]. Statistical decision functions. *Ann. Math. Statist.* **20**, S.165-205.

[116] Walden, A.T., Guttorp, P. [1992]. Statistics in the enviromental & earth sciences. Edward Arnold, London.

[117] Weibel, P.F. [1978]. Die Bonitätsbeurteilung im Kreditgeschäft der Banken. Verlag Paul Haupt, Bern.

[118] Weinrich, G. [1978]. Kreditwürdigkeitsprognosen: Steuerung des Kreditgeschäfts durch Risikoklassen. Hrsg.: J. Süchting. Gabler, Wiesbaden.

[119] Weiss, S.M., Kulikowski, C.A. [1991]. Computer systems that learn. Morgan Kaufmann, San Mateo.

[120] Welch, B.L. [1939]. Note on discriminant functions. *Biometrica* **31**, S.218-220.

[121] Wiginton, J.C. [1980]. A Note on the Comparison of Logit and Discriminant Models of Consumer Credit Behavior. *J. Finan. and Quan. Anal.* **15**, S.757-768.

Danksagung

Die vorliegende Arbeit entstand während meiner Tätigkeit als wissenschaftliche Angestellte an der Universität Göttingen am Lehrstuhl für Statistik und Ökonometrie.

An dieser Stelle möchte ich all denjenigen danken, die mir bei der Erstellung der Arbeit hilfreich zur Seite gestanden haben.

Insbesondere für die Betreuung der Dissertation sowie die Bereitschaft mir stets mit Kommentaren und Anregungen zur Seite zu stehen, gilt mein Dank meinem Doktorvater Herrn Prof. Kricke und Herrn Prof. Zucchini. Für die Übernahme des Zweitgutachtens danke ich Herrn Prof. Ahlborn.

Für seine stete Disskusionsbereitschaft und die zahlreichen konstruktiven Anregungen für meine Arbeit danke ich besonders meinem ehemaligen Kollegen Herrn Dr. Achim Lewandowski.

Bedanken möchte ich mich ebenfalls ganz herzlich bei Herrn Diplom-Kaufmann Bährs, der mir bei der empirischen Untersuchung in vielen Telefongesprächen mit Rat und Tat zur Seite stand.

Als letztes gilt mein Dank meinem Freund Olaf Dannenberg, der mich bei der Erstellung der Arbeit immer wieder unterstützt und motiviert hat. Zu großem Dank bin ich meinen Eltern verpflichtet, die mir meine Ausbildung erst ermöglicht haben.

Silke Herold

Ich versichere an Eides Statt, daß ich die eingereichte Dissertation

„Statistische Klassifizierungsverfahren: Neue Ansätze zur Reduzierung des Vorhersagefehlers"

selbständig verfaßt habe. Anderer als der von mir angegebenen Hilfsmittel und Schriften habe ich mich nicht bedient. Alle wörtlich oder sinngemäß den Schriften anderer Autoren entnommenen Stellen habe ich kenntlich gemacht.

Lebenslauf

Name:	Herold
Vorname:	Silke
Wohnort:	Goßlerstr. 26 37075 Göttingen
Geburtsort:	Osterode am Harz
Geburtsdatum:	23. Februar 1965
Staatsangehörigkeit:	deutsch

1971 - 1975	Grundschule Osterode/Lasfelde
1975 - 1985	Gymnasium Osterode
19.06.1985	Abitur
1985 - 1987	Ausbildung bei der Firma Sonnen-Bassermann, Seesen, zur Industriekauffrau
23.06.1987	IHK-Prüfung zur Industriekauffrau
WS 1987/88 - SS 1992	Studium der Betriebswirtschaftslehre an der Georg-August-Universität, Göttingen
23.10.1992	Prüfung zur Diplom-Kauffrau
seit Februar 93	Wissenschaftliche Mitarbeiterin am Institut für Statistik und Ökonometrie, Göttingen